蛋糕裱花基础

BASE FOR CAKE DECORATING

王森·主编

张婷婷 栾绮伟·副主编

向邓一 霍辉燕·参编人员

第三版
下册

中国轻工业出版社

图书在版编目（CIP）数据

蛋糕裱花基础. 下册 / 王森主编. —3版. —北京：中国轻工业出版社，2023.8

ISBN 978-7-5184-2920-2

Ⅰ.①蛋… Ⅱ.①王… Ⅲ.①蛋糕 – 造型设计 Ⅳ.①TS213.23

中国版本图书馆CIP数据核字（2020）第035688号

策划编辑：马　妍
责任编辑：马　妍　　责任终审：张乃东　　封面设计：王超男
版式设计：锋尚设计　　责任校对：晋　洁　　责任监印：张　可

出版发行：中国轻工业出版社（北京东长安街6号，邮编：100740）
印　　刷：北京博海升彩色印刷有限公司
经　　销：各地新华书店
版　　次：2023年8月第3版第2次印刷
开　　本：787×1092　1/16　印张：12
字　　数：200千字
书　　号：ISBN 978-7-5184-2920-2　定价：58.00元
邮购电话：010-65241695
发行电话：010-85119835　传真：85113293
网　　址：http://www.chlip.com.cn
Email：club@chlip.com.cn
如发现图书残缺请与我社邮购联系调换
230997S1C302ZBW

PREFACE

序

———✛———

    生活中总有能让你回味无穷的种种。时隔几年，再次修订《蛋糕裱花基础》（上、下册），又一次说了这句话，感叹时光荏苒，感谢万千读者，让我多年来一直不忘初心。

    裱花技术承载着少时对甜品的最初印象，香甜的气息搭上变化的造型是我在烘焙事业上的重要起点之一，它不单调、不简单、也不复杂，虽然现在烘焙市场越来越多元化，但传统裱花技术依然有着它不变的魅力，其基础技术是许多食品工艺技术的来源，所以在学习求新的路程中也不要忘了原本的样子。

    这几年，市场上出现了很多种裱花材料，诸如各式奶油霜、豆沙、蛋白膏等，在书中都有所体现，各种材料的体现手法与鲜奶油裱花技术大同小异，所以原书的部分基础内容也有保留。我一直坚信，所有的技术转换都来源于基础技术，只有基础牢固，转化就能得心应手了。不但如此，书中也增加了更多的技术基础内容，同时，人物、动物、鸟类、水果、陶艺等多种蛋糕类型也都有丰富体现，并增加了仿真类蛋糕设计。此外，本书在注重基础的不变立场上，也更加注重技术的提高与方式的表达。

    本套书籍理论部分翔实且基础，有易有难，并在实践中提取实用理论知识点穿插其中。裱花样式全面展现在书中，花型品种与样式在实践部分中有重要讲解，同时有更多品种与蛋糕样式在欣赏部分中展现。只要认真理解并练习，你一定会成为非常出色的裱花达人。

    本套书经历了多次修订，销量非常可观，非常感谢广大读者对此书的支持。相信这次修订，也一定会对你有新的帮助。

CONTENTS

目录

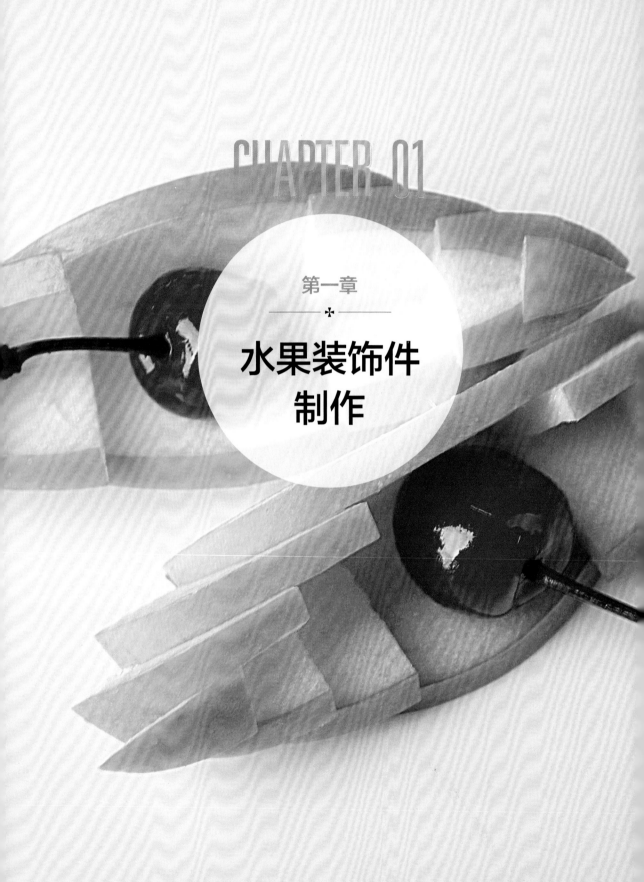

CHAPTER 01

第一章

*

水果装饰件制作

第一节

✠

工具的选择

挑选水果刀时要选一把头部较尖、刀柄较重（有手感）、刀刃直且锋利的水果专用刀来切水果，这种刀能把水果切得细致。用水果装饰件制作蛋糕时，尽量用素色的蛋糕面，以突出水果自身的色彩。

第二节

✠

水果的特点

水果什么部位最甜

狝猴桃

从顶部开始成熟，所以越靠柄部越不甜。硬的狝猴桃不要放进冰箱，应在常温下催熟。切时应竖切，以保证甜度一致。

草莓

顶部最甜，靠近中心和柄部甜度比顶部低。最适合装饰蛋糕的草莓品种为奶油草莓。

菠萝

从下面的枝叶处开始逐渐成熟，因而先熟的部位较甜。

苹果

顶部与核四周最甜，所以竖切较为合理。为防止变色，可把切好的苹果放在淡盐水里浸泡一会儿。

> **桃子**
>
> 几乎所有的水果都是顶部与核四周最甜，越靠皮越不甜，桃子也是一样。
>
> **甜瓜**
>
> 顶部变软，出香气时适口。熟透后才可放入冰箱，注意不要过分冷藏，以免影响味道，竖切为宜。
>
> **哈密瓜（绿）**
>
> 纹路越细瓜越香，味道也越好。顶部最甜，所以最好竖切成月牙形。

不适合与明胶果冻搭配的水果

拥有蛋白质分解酶的水果有菠萝、番木瓜、猕猴桃、无花果等，这些水果的鲜果汁不能在明胶中凝固，使用时要先将果肉或果汁加热，阻止分解酶的反应后再与明胶混合。

适合与奶酪搭配的水果

适合与奶酪搭配的水果有梨，此外，苹果与奶酪搭配也是很好的组合。

第三节

水果的功效

对糖尿病人有益的水果

无糖蛋糕配上无糖鲜奶油再加上猕猴桃、番木瓜、苹果、葡萄柚、鳄梨均可，以上这些水果含糖分少，可酌情食用。

对便秘人群有益的水果

菠萝、桃子、芒果、苹果、无花果对便秘人群有益，因为这些水果有丰富的植物纤维能刺激肠壁，对提高肠道功能有帮助。

对贫血、低血压人群有益的水果

番木瓜、草莓、李子富含铁等矿物质和维生素C。维生素C可促进人体对铁元素的吸收。

第四节

✤

水果蛋糕制作要点

一个造型好看的水果蛋糕需要具备以下要点：

（1）水果的形状至少要有三种以上，如圆形、片状、块状、条状、体状。

（2）水果颜色至少要有三种以上，如红色、绿色、黄色，除此以外还要有中性色的火龙果、梨、提子等。

（3）水果中必用到线条这个装饰图案，例如水果上的梗就是线，水果皮也可切成长长的线。

片状

体状

球状

（4）同样形状的水果要有大小变化，摆放时要有方向变化、色彩明暗变化等，总之重复的形状就要注意对比与变化的关系，否则看起来会呆板、不够活泼。

块状

第五节

✤

水果蛋糕构图技巧

水果蛋糕的常用构图方法有以下五种：

对称构图

第一种是用途最广的对称式摆放（呆板）。

排队构图

第二种是排成队摆放（生硬）。

情景构图

第五种是情景式构图（具有艺术感）。即由许多不同的材料组合在一起，构图注重色彩搭配，既像是人们熟悉的生活画面又不完全是写实的，抽象地再现了生活中的人、事、物，给人以美好、梦幻、浪漫的感觉。

✤ 小贴士
NOTE

看到情景构图的蛋糕很容易让人联想到年轻、时尚的女性群体，这种构图的蛋糕非常适合都市上班族女性。

均衡构图

第三种是均衡式摆放（活泼）。

三角构图

第四种是呈三角式摆放（现代感强）。

第六节

✣

水果的切法

黑布朗

1 用水果雕刀将黑布朗1/3处垂直切开。　　**2** 用水果雕刀将水果平行切出交叉的层次。　　**3** 手指按住皮中间反扣，切口即成锻模状，形状类似龟壳。

草莓

1 用水果雕刀从草莓中心处切成一字，但不全切开。　　**2** 用手指将切开的一字向前后方向分开。　　**3** 用水果雕刀从草莓中心处切成十字，但不全切开。

哈密瓜

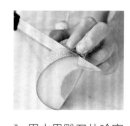  

1 用水果雕刀从哈密瓜内侧切成V字形。　　**2** 用水果雕刀的刀尖在哈密瓜表皮上画出花纹。　　**3** 用水果雕刀将皮削至2/3处。　　**4** 用手指将其打开。

青橙

1 用水果雕刀将青橙切成薄片。

2 用水果雕刀将青橙薄片2/3处切开，并将其弯曲。

火龙果

1 用挖球器在切开的火龙果肉中转出圆球。

2 将圆球放平。

柠檬

1 用水果雕刀从柠檬内侧削成V字形。

2 用水果雕刀的刀尖在柠檬表皮上画出花纹。

3 用水果雕刀将柠檬皮削至2/3处。

4 用手指将其打开。

芒果

方法一：扇形芒果

1 用水果雕刀从芒果柄部沿扁核切下果肉。

2 用水果雕刀将芒果平行切成薄片。

3 将其展开呈扇形。

方法二：龟子芒果

1 用水果雕刀从柄部伸入，沿扁核切下。

2 拿在手上，用水果雕刀尖纵横划口，不要划到皮。

3 以同样的手法反方向纵横划口。

4 手指按住皮中间反扣，切口即成锻模状。

5 展开的形状类似龟壳，故又称"龟子"。

方法三：芒果鱼

1 用水果雕刀从芒果柄部沿扁核切下果肉。

2 用水果雕刀横划弧口，注意不要划到果皮。

3 用水果雕刀的刀尖在果肉中横向划口。

4 以同样的手法纵向划口。

5 双手拇指压住边缘果肉，其余手指抵住果皮中间向上反扣，切口即成锻模状。

6 用水果雕刀的刀尖划出鱼嘴。

7 用水果雕刀将另一部分芒果切出适宜大小，准备制作鱼尾。

8 用水果雕刀的刀尖划出细丝作为鱼尾。

9 最后点上眼睛，摆放成鱼形。

苹果

▌方法一：扇形苹果切片1 ◀

1 用水果雕刀在苹果的 1/3处切开。

2 用水果雕刀在苹果表面1/2处切出V字形。

3 用水果雕刀将苹果横向平行切成薄片。

4 将切好的苹果薄片展开，呈扇形。

▌方法二：扇形苹果切片2 ◀

  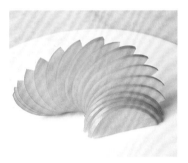

1 用水果雕刀在苹果的1/3处切开。

2 用水果雕刀将苹果平行切成薄片。

3 将切好的苹果薄片展开，呈扇形。

▌方法三：苹果切片 ◀

1 用水果雕刀将苹果内侧削成V字形。

2 用水果雕刀从苹果内侧依次放大V字形开口。

3 用手指向上推开，呈梯状。

1 将切好的苹果块取出，从1/2处切开。

2 将切开的部分分别向两边推开呈阶梯状。

3 在小船中放一颗红樱桃。

1 用挖球器从苹果上方向内旋转。

2 用挖球器将苹果肉依次挖球。

3 可根据挖球器的大小来确定圆球的大小。

橙子

1 用水果雕刀将橙子横置切成四片。

2 用手将其展开。

3 用水果雕刀将橙子横置切成两半。

4 用手指将其展开。

 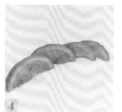

猕猴桃

■ 方法一：猕猴桃切片 ◀

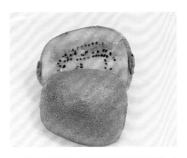  

1 用水果雕刀将猕猴桃横置切成
两半。

2 用水果雕刀将猕猴桃切成均匀
的片状。

3 用手指将其展开。

■ 方法二：爪状猕猴桃 ◀

  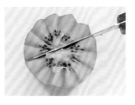 

1 用水果雕刀斜插入猕
猴桃中部偏上位置，
切出一圈V字形。

2 切完后用手指将两边
分开。

3 取出籽和肉，用水果
雕刀将V字形猕猴桃
切十字形。

4 因其形状类似凤爪，
故又称"爪状"。

■ 方法三：猕猴桃果篮 ◀

1 用水果雕刀将猕猴桃柄部
留约1厘米宽，左右分别
切开一半。

2 用水果雕刀将猕猴桃切成
V字形。

3 用手指将其分开。

4 用水果雕刀从中心部分水
平切开，取出果肉。

5 带把的可爱果篮，在饼店
中也可直接销售，用保鲜
膜包好后即可。

黄桃

▌ 方法一：黄桃切块 ◀

1 用水果雕刀将黄桃横向切开。

2 用水果雕刀将黄桃纵向切开。

3 用火枪对其顶部加热。

4 加热至顶部呈焦黄色。

▌ 方法二：心形黄桃 ◀

1 将心形模具放在黄桃中心处，用力向下压。

2 将模具中的黄桃推出。

3 将其放平，呈心形。

▌ 方法三：五角星黄桃 ◀

1 将五角形模具放于黄桃中心处，用力向下压。

2 将模具中的黄桃推出，呈五角形。

提子

▎方法一：龟壳提子 ◀

1 用水果雕刀从提子1/3处垂直切开。

2 用水果雕刀将提子平行切出交叉的层次。

3 双手拇指压住边缘果肉，其余手指抵住果皮中间向上反扣，切口即成锻模状，形状类似龟壳。

▎方法二：提子花 ◀

1 用水果雕刀将提子表皮切出十字形。

2 用水果雕刀的刀尖将提子切开部分的皮肉分开。

3 将果皮打开，呈花形。

CHAPTER 02

第二章

✢

人物蛋糕
基础知识

第一节

✳

人体特征

▌不同年龄阶段人体特征 ────────────◀

　小　孩　孩子的头部较大，身体一般为3~4个头高。

　成年人　人体立姿为七个头高（立七），坐姿为五个头高（坐五），蹲姿为三个半头高（蹲三半），立姿手臂下垂时，指尖位置在大腿1/2处。

　老　人　由于骨骼收缩，老年人的比例较成年人略小一些，在做老年人时，应注意头部与双肩略靠近一些，腿部稍有弯曲。常用五个头高的比例来制作老人。

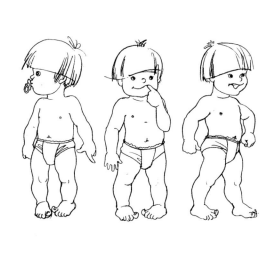

幼儿体态

儿童和少年体态特征

▌人体性别基本特征 ──────────────◀

　男　性　男性肩膀较宽，锁骨平宽而有力，四肢粗壮，肌肉结实饱满。由于男性没有女性明显的胸部，很容易画成平板的体形，因此，在做男性时，要想最大限度地突出男性特征，就要把肩膀做得又宽又厚，人就会显得很魁梧。此外，还应注意男性关节的起伏感，手、胳膊与腿要粗壮些，手腕处要比女性的手腕部位做得偏下（就是把手臂做长一些）。做男性的侧身时，锁骨和肩头的线条应是连在一起的，胸部、后背不要成直线，要表现出肌肉的起伏，从颈部到后背的线条要做得稍有曲线，这样可以表现出男性身体的厚度。经常以线条简单的休闲装、西装、马甲、衬衫等来表现男性的穿着。

女　性　女性肩膀窄，肩膀坡度较大，脖子较细，四肢比例略小，腰细、胯宽、胸部丰满。女性的特点是全身曲线圆润、柔美，要注意胸部和臀部的刻画。手、胳膊与腿要纤细，手腕和大腿根部在同一个位置，胳膊肘的位置在腰部附近。做侧面像时，注意画出关节部位、臀部与大腿根部处的关系，肩膀的位置做准确，胳膊就显得自然了。要表现出女性的身体线条，常以长裙、短裙、短裤、比基尼泳装等衣服来体现女性的穿着。

▌幽默人物蛋糕中的人体比例及表现 ◀

幽默人物蛋糕中为了突出人物幽默性的独特效果，经常采用一些夸张的做法，也就是在适当的部位做一些变形处理，常会运用一些夸张的制作手法将人物身材拉长，但变形是建立在人体基本结构基础上的。通常女性为七个头高，男性为八个头高。正确掌握人物的比例关系，对做好幽默人物蛋糕人物是很重要的。

第二节

头部特征

▌不同年龄阶段人体特征 ◀

头部结构　画头部时，最简单的方法是画一个圆圈，在圆圈内外加上五官、头发。可是这样的头部没有立体感，而且很单调，所以要将这个圆视为球体，这个球体可以旋转，甚至可以压扁、拉长。

1 画出一个球体。

2 画出中线，确定球体倾斜度。

3 画出水平线。

4 眼睛应在水平线上方，鼻子在两线交界处。

把头部理解为一个球体，这样不管头部怎样转动（哪怕从脖子上分离开），都可以画出各个角度的同一个头部造型，从而避免呆板和平面的感觉。

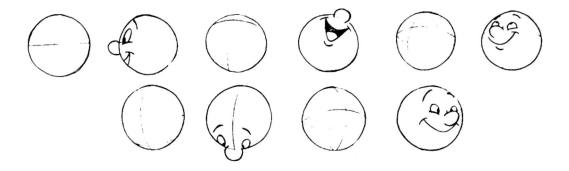

其他的头部构成　以球体为基础，结合其他几何形状，可以变化出很多不同的头形，甚至是"三角形""长方形"，但必须记住这些都是三维的。

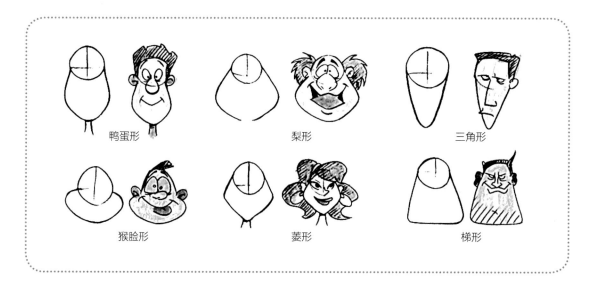

鸭蛋形　　　　　　梨形　　　　　　三角形

猴脸形　　　　　　菱形　　　　　　梯形

幼儿

幼儿的五官都集中在脸部下半部1/2处。

小孩

眼睛大大的，口、鼻小小的。眼睛的位置在脸部 1/2以下的部位，下巴曲线是圆的，眼睛和眉毛的位置距离远。

老人

老年男性脸部的骨骼较为突出，女人则稍微丰满些，他们的口、眼、鼻四周都有很明显的皱纹，一般来说眼睛都是细细的。

青年女性

眼睛大致在脸部 1/2的位置。眼睛大大的，唇、眉、下巴的线条越柔和，越有女人味。

青年男性

眼睛在脸部2/3的部位。眼睛细细的，口、鼻较大，下巴的线条较粗犷，眉毛粗一点比较有男人味。

中年男女

中年人的眼睛比年轻人的要细小，而且眼睛和嘴的周围有细小的皱纹。男人的脸部棱角分明，女人的脸则稍微丰满些。

　　浮雕人物与立体人物的头部做法不同，效果也不一样。

　　浮雕头部制作　　用一个圆球可以做出头部的基本形状，这样会使其立体效果更强，然后在此基础上再拉出人物的脸部，形成椭圆形的头部。

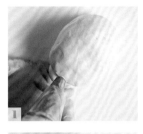

　　立体头部制作　　做立体人物时，人的头是用一个球体来表现。用十字和圆表现很简单，在圆形的基础上，将人脸部以十字线画出来，十字的中心点即是人物脸的中心点，根据中心点的位置将人物眼睛、鼻子、嘴画出来。

　　人物脸部表情刻画　　脸部表情变化是刻画人物的关键，通过人物面部表情，可以了解人物的内心，丰富的表情富有极大的魅力，能使作品更加生动。下面介绍几种典型表情的特点与画法。

　　①笑脸：笑有很多种，例如：微笑、羞涩的笑、煞有介事的笑、苦笑、开心的笑。一般表现为嘴角上翘（或张大）、眼睛变细、变弯，在画调皮的笑时，可以将人物眉毛上下错开一定距离，并且让两只眼睛有些变化，也可以将舌头做出来。

②哭泣：用于表达人物的感情，例如委屈的哭、喜极而泣。一般表现为眉毛、眼角往下倾，张大嘴或嘴角向下，脸上挂泪。

③发怒：一般表现为眉毛上竖，嘴角下扣，眉头紧锁。

④哀：哀是最大的苦恼，脸上所有的线条都往下倾，便成了哀。

⑤惊：一般表现为张大嘴、瞪大眼、眉毛往上飞起。

卡通人物脸部刻画　我们经常在蛋糕上表现卡通人物，因为卡通人物做起来简单、快捷而且可爱，成功率比较高。其脸部的裱法与美术上所讲的有点不同，没有那么多精确和高标准的要求，只讲究表情可爱、传神，简洁大方，容易制作。制作时眼睛要左右对称，眉毛需做在中心点的两侧线上，鼻子做在中心点以下一半的位置，略微向上翘，要有隆起的感觉，耳朵在脸两边左右对称，位置在眉弓到鼻底线之间。面部五官的比例关系是：眉毛为从头到下巴的一半处，鼻子为从眉毛到下巴的一半处，嘴巴为从鼻子到下巴的一半处，眼睛为从眉毛到鼻子的一半处，耳朵为从眉毛到鼻子以上的部位。

笑脸是人物常出现的表情，也是我们运用得最多的表情，它能给人以美好的感觉。

人物眼睛的神情可分为仿真形、卡通形两种。

吹腮方法　吹腮方法有三种：两侧吹、中间吹、混合吹。

①两侧吹腮法：将三角袋平放于脸的最底处，花袋向下倾斜（因为小孩的腮肉多，所以是下垂的），由中间挤奶油向耳朵边拉去，左右两侧手法一致，用耳朵掩饰破损处。

②中间吹腮法：将三角袋插在脸的底端正中间位置，倾斜向脸的正前方鼓出腮部，两腮从同一个点插入，方法相同，做好后的两腮宽度不超过脑门宽度。

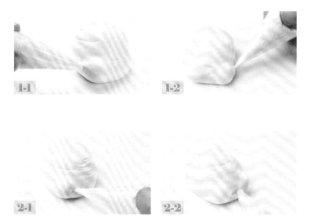

③混合吹腮法：两边腮部分别用两侧吹腮法和中间吹腮法共同完成的吹腮方法。

3-1

3-2

第三节

✤

人体运动的基本规律

　　头部、胸部和骨盆是人体中三个最大的体块，这三个部分本身都是固定的，不会活动，身体的活动除了四肢以外主要靠颈和腰部的活动产生运动。如果这些体块是在彼此处于平行和对称的情况下，那么人体是静止的；相反，当这些体块向前后左右屈伸、旋转、扭动时，它们的变化就产生了人体的动作。

　　无论三个体块处于什么样的位置，它们在一侧的动作是怎样剧烈或集中，在另外非活动的一侧，相对地总是有一种比较柔和的线条，以保持身体平衡，使整个人体有一种微妙的、生动的协调感，所以说人的所有动作都将体现运动的重心平衡规律。

　　在承重的一侧，将人物运动趋势线做出来，以表明身体的总倾向。然后，将四肢的运动感做出。理解头部、胸部和骨盆三大体块的倾斜度和透视变化，在复杂变化的动作中抓住要领，通过它们之间的变化规律来掌握人体运动的基本规律，例如：走、站、坐、躺、趴、侧卧。

▌ **坐姿动态演示制作** ◀

　　（1）花嘴垂直于面，挤出圆锥形身体，底端宽、上端窄，高度在6厘米左右。

1

2

3

（2）花嘴倾斜于身体底端，向身体外侧拉出身高一半的大腿，然后花嘴贴于大腿，拉出与大腿等长的小腿，顺势带出脚掌，两腿做法相同。

（3）花嘴贴着身体上端，向身体内侧拉出由粗到细的手臂，手臂不可以超过腿长，肩膀处奶油挤出量少些。

两手臂之间要有一定的距离感，否则会有畸形出现。

（4）在做头部时，要注意头与臀部（去掉腿）同宽，将花嘴垂直于身体（圆锥形尖部）挤球，球高至1厘米左右，花嘴稍微倾斜向后，球挤好后，呈上宽下窄，头顶光滑无尖头、无凹凸。挤出的头部球约为身体一半大小，利用中间吹腮的方法做出腮部，最下端中间处挤出小的下巴，在脸下端1/3处加上小圆球作为鼻子，在脑袋侧面厚度约一半、下端1/3处做出耳朵。

  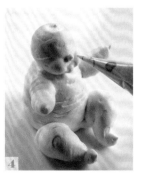 

（5）先做出手掌，再依次做出手指。做脚趾时需注意脚掌的长度，脚掌要饱满。

（6）用黑色细裱画出眼睛、眉毛、嘴巴和少量的头发。

 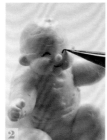   

躺式动态演示制作

（1）花嘴倾斜45°，由窄变宽做出身体，长度4厘米左右，接口处圆润光滑。

（2）花嘴以倾斜状贴于身体下端1/3处，由粗到细拉出小腿，大腿可省略，长度约为身体的一半，顺势带出球状的脚。两腿做法相同。

最宽的位置是下端。

（3）在身体上端约1厘米处，花嘴由上向下、由粗到细拉出手臂，以同样的方法拉出另一条手臂。

（4）花嘴垂直于身体尖端，先挤一个与身体同样厚度的圆球，接口需饱满，花嘴贴于圆球的下端，顺势向下拉出椭圆形的脸，呈上宽下窄形，脑门略微宽点比较美观。

（5）用小口的细裱袋，从中间吹腮的方法做出腮部，挤出小的下巴，以小圆球的方式表现鼻子，脑袋侧面做出耳朵，黑色细裱画出眼睛、头发和嘴巴。

（1）花嘴倾斜45°，由上向下拉出上身的身体，长约4厘米，下端肚子的部位略微鼓些。

（2）花嘴在身体最圆部位，从上向下拉出由粗到细的腿，以同样的方法做另一条腿，但在上面这条腿略饱满些。腿做完后顺势停顿一下，挤出脚掌。

（3）用白色做出小婴儿的内裤，其他颜色也可以。先画出内裤的形状，再填上白色，接着用黑色巧克力细裱出内裤上的图案。

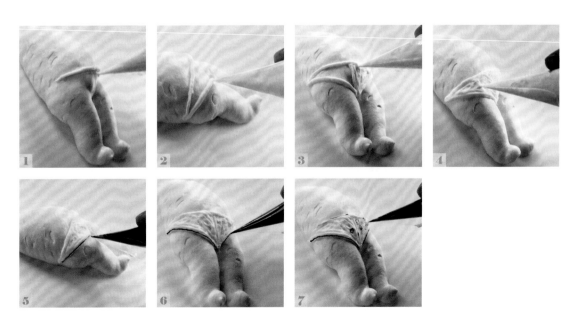

（4）在身体上端约1厘米处，花嘴由上向下、由粗到细做出手臂，再用小口装的细裱，挤出手指和脚趾，手指先从小拇指做起，指头末端以圆球收尾，脚趾则先从大脚趾做起。

（5）头部与躺着姿势的小孩头部做法相同。

（6）用黑色细裱画出微笑的眼睛、嘴巴。

（7）用黑色奶油拔出头发。

趴式动态演示制作

这个动态的制作与之前所学的不一样，在手法上要注意花嘴的拿法和角度，使身体显得扁一点，像人摔倒时的姿势，屁股不高。

（1）首先花嘴倾斜于面挤奶油，边挤边匀速向后走，且身体逐渐变宽，长度在6厘米左右，呈平放的圆锥形，前端窄、后端宽。

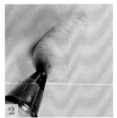

（2）花嘴插入后端，挤出心形屁股。然后花嘴垂直向下拉出大腿，大腿可以做扁，小腿紧贴大腿向上，由粗到细带出脚。脚不要超出屁股的高度。

（3）在身体前端拉出两条手臂，由粗到细，稍
弯曲。

（4）花嘴贴于身
体前端，从上向下拉
出椭圆形的扁形球体
作为头部，吹腮的方
法可参照前面的头部
讲解。

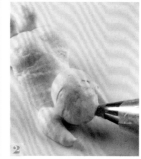

（5）分别做出手指和脚趾。

（6）用黑色巧克力
细裱出嘴巴、眼睛、眉
毛和头发。

 小贴士
NOTE

做趴式动态的臀部时，花嘴不能插太深；做
屁股时，花嘴不可向身体前方推，身体不可
由宽到窄做，否则会造成人物肚子偏大。

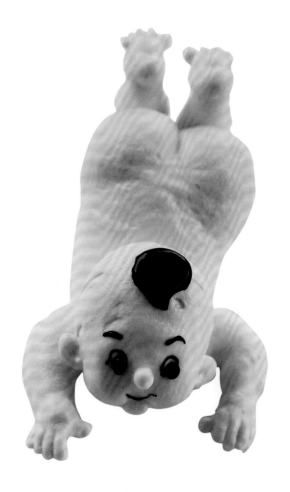

第四节

✛

人物蛋糕制作

熊父子

| 制作过程 |

 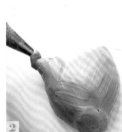  

1 调咖啡色奶油，将花嘴倾斜，由窄到宽做熊的身体，表面用毛笔刷光滑。

2 花嘴悬空拉出Z字形的腿部，大腿较粗。

3 拉出两个由粗到细的弧形的手臂。

4 用咖啡色奶油做脸部，花嘴倾斜由上到下拉出椭圆形脸，表面用毛笔刷光滑。

5 细裱吹出两边的腮部，在中间位置拉出圆锥形的鼻子，挑出眼眶，做上耳朵，最后挤出鼻头。

6 用黑色巧克力细裱出嘴巴、眉毛、耳廓线，加上黑色大鼻头。

7 用小的细裱袋倾斜拔出熊身上的毛。

8 用黑色巧克力细裱出掌心的黑色斑点。

9 用细裱以点的方式表现鼻子和眼睛周围的皮肤。

10 用小的细裱拔出头顶和腮部的毛。

11 裱眼睛时先填上白色眼球，再加黑色，可在黑眼球周围画一圈黄色果膏，使眼睛更加生动。

12 添加脖子上的装饰，包括白色衣领和绿色领带。

慈祥妈妈

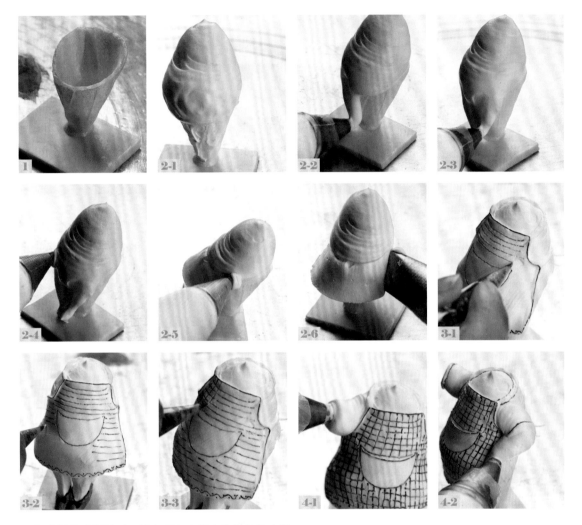

❶ 把花托剪成斜坡形，粘在巧克力板上作为身体支撑。

❷ 用花托作为支撑做圆锥形身体，拉出两条细细的腿部，用直花嘴拉出弧形边。

❸ 在做好的身体基础上画出围裙的形状，再用细裱画出格子线条。

❹ 拉出两个短袖和小臂。

5 做出圆形头部，分别做出
   腮部，两腮之间需空一个
   腮部的距离，加上鼻子。

6 细裱做出眼睛、眉毛和
   头发。

7 依次做出手和手中的物品。

圣诞老人

制作过程

1 调红色奶油，将圆嘴垂直于面，挤出下端宽上端窄的圆锥形身体。

2 花嘴倾斜于身体底端，拉出身体一半高度的大腿，接着做出与大腿等长的小腿。

3 用白色奶油细裱出衣边。

4 在身体一半处用黑色奶油做出腰带。

5 拉出两个手臂，肩膀位置的奶油挤出量应少些。

6 将花嘴垂直于身体尖端，挤出圆球形头部。

7 在脸的一半处插入细裱，倾斜向两侧吹出两腮，拉出下巴，挤出小球形鼻子，并在头侧面1/2处做出耳朵。

8 用白色奶油做出络腮胡须，中间长两边短，带出八字形胡须。

9 用黑色巧克力细裱做出眼睛，用白色奶油拔出眉毛。

10 用圆嘴在头顶处绕圈挤出帽子，白色奶油做出帽边和尾部的小白球，黑色奶油做出鞋子。最后挤出礼物袋，做出手指。

万圣节的夜晚

制作过程

1   调黑色奶油，将花嘴倾斜，由上向下挤出身体。

2   用黑色奶油细裱拉出裙摆，再用专用毛笔把表面修饰光滑。

3   做出衣领，拉出手臂。

4   花嘴倾斜由上到下，用肉色奶油拉出椭圆形脸。

5   用肉色细裱吹出两个腮，挤出下巴，加上鼻子。

6   挑出眼眶，用黑色巧克力细裱出眼眶和睫毛。

7   向眼眶里填上白色奶油作为白眼球，点上黑眼球和高光点。

8   做出黑色的帽子，细裱出帽子的细节。

9   用黄色和白色混合拔出头发。

10   用红色奶油做出帽子上的装饰带、腰带和鞋子，以黄色奶油修饰鞋子的细节。

襁褓婴儿

制作过程

1 调红色奶油，将花嘴倾斜由粗到细拉出锥形身体。

2 在身体粗的一侧插入花嘴，做出三角形。

3 勾出襁褓形状的线条。

4 将花嘴倾斜，在三角形与锥形接口处挤出圆球形头部。

5 将细裱袋从头部中间插入，倾斜向两边做出腮部，再挤出下巴、鼻子和耳朵。

6 用黑色巧克力细裱袋画出眼睛、眉毛和嘴巴。

7 用黑色巧克力细裱袋做出头发。

8 在襁褓上画出图案和腰带。

顽皮的小孩

制作过程

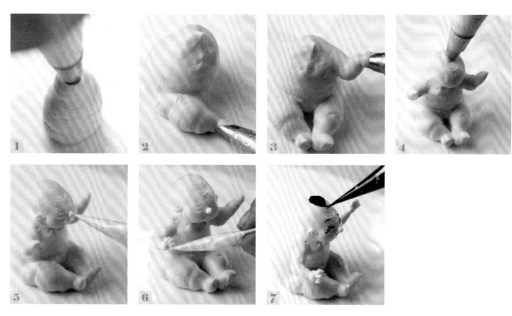

1 花嘴垂直于蛋糕面，从肉色奶油挤出圆锥形身体，下端宽、上端窄。

2 花嘴倾斜，在身体底端拉出与身体一半等高的大腿，接着做出与大腿等长的小腿和脚。

3 与两腿做法相同，拉出手臂。

4 花嘴垂直于身体尖端挤圆球，作为头部。

5 将细裱袋在脸的中间处插入，倾斜向两侧吹腮，拉出下巴，挤出小球形鼻子，并在头侧面1/2处做出耳朵。

6 用肉色细裱袋做出手指。

7 用黑色巧克力细裱出眼睛和头发。

寿星

制作过程

1 调紫色奶油、肉色奶油备用，花嘴垂直于面，挤出圆锥形身体，下端宽、上端窄。

2 花嘴倾斜，在身体底端拉出与身体一半等高的大腿，贴着大腿做出小腿，小腿略扁。

3 在两腿接口处，用圆嘴左右晃动拉出寿带，然后两边加宽。

4 用黑色巧克力细裱袋做出寿带上的图案，挤出半圆式的腰带和装饰。

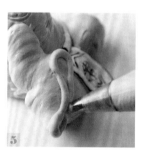   

5 花嘴倾斜向下，垂直向里再向外，拉出袖口，做出袖口的线条。

6 以相同的方法做出另一条手臂。

7 加上9字形衣领，用黑色细裱袋做出衣服袖口图案。

8 花嘴垂直身体尖端，挤扁圆球作为头部。

9 在扁球的基础上，用花嘴带出额头。

10 在脸的中间处插入细裱袋，倾斜向两侧吹腮，拉出下巴，挤出小球形鼻子，并在头侧面1/2处做出寿星的大耳朵。

11 用白色奶油拔出胡须，注意中间长、两边短。

12 用黑色奶油细裱袋画出眼睛和眉毛，最后用白色奶油拔出手指。

寿婆

1 花嘴垂直于面，挤出圆锥形身体，下端宽、上端窄。

2 花嘴倾斜，在身体底端拉出与身体一半等高的大腿，贴着大腿做出小腿，小腿略扁。

3 在两腿接口处，用圆嘴左右晃动拉出寿带，然后两边加宽。

4 用黑色巧克力细裱袋做出寿带上的图案，挤出红腰带。

5 花嘴倾斜向下，垂直向里再向外，拉出袖口，并做出袖口的线条。

6 以相同的方法做出另一条手臂。加上圆圈式的衣领，再用黑色细裱袋画出衣服袖口图案。

7 花嘴垂直于身体尖端，挤出圆球形头部。

8 在脸的中间处插入细裱袋，倾斜向两侧吹腮，拉出下巴，挤出小球形鼻子，并在头侧面1/2处做出耳朵。

9 用黑色巧克力细裱袋画出眼睛。

10 做出白色头发和发髻，拔出手指，用红色奶油细裱出发带，用黑色奶油突出细节，最后在衣服上画出图案。

CHAPTER 03

第三章

*

陶艺蛋糕

第一节

✣

陶艺基础知识

　　陶艺是将泥巴成型晾干后，用火烧制，是泥与火的结晶。我们祖先对黏土的认识由来已久，早在原始社会生活中，祖先们就处处离不开黏土，他们发现被水浸湿后的黏土有黏性和可塑性，晒干后变得坚硬起来。陶器的发明是人类文明的重要进程——人类第一次利用天然物质，按照自己的意志创造出来的一种崭新的东西。

　　中国陶器的产生距今已有1700多年的历史。唐宋的古窑开辟了"石湾瓦甲天下"的辉煌历史。陶器起初被用做冥器，后来随着制陶人的增多，运用领域的扩大，一部分陶器成为相对独立的审美摆件。在明清时期，由于品茶习惯的改变，大兴散茶，饮茶人由原来重汤色转向注重"茶味"、讲究"茶趣"，使得制陶壶名家辈出，制陶史上又添新的篇章。从此，制陶业的分工开始精细化，而陶文化由原来的实用性向艺术观赏性延伸。在陶艺界最早实践这种风格的，是近代一些从事美术专业的学生们，他们受毕加索陶艺和巴洛克行动绘画艺术的影响，主张陶艺创作中即兴、自由地发挥，将黏土作为表现情感的载体，随意叠、刮、压、戳。这种彻底摆脱陶瓷的实用功能，远离传统意义上造型完整和工艺技巧美感的作品，一经问世，就吸引了众多的年轻艺术家，掀开了现代陶艺的序幕。

　　陶器在中国古代每个历史阶段都扮演着重要角色，它作为一种物质消费的方式，一次次地反复出现、存活和延续在中国人的血脉中，充分证明了陶艺在人类生活中有着一定的影响。在古代，陶器被作为一种工具来使用；近代人们更多地把陶艺作为一种精神食粮，运用到了装饰领域。陶艺的装饰效果在烘焙领域也得到了发展，为了让陶的艺术吸引力在食品行业中更加突出，我们将制陶工艺流程运用到蛋糕制作中，称为陶艺手拉坯蛋糕，这种做法让更多的蛋糕装饰爱好者看到了陶艺在蛋糕装饰中的广泛运用，其灵感也完全来自于陶的工艺流程。

第二节

✛

陶艺蛋糕制作流程

第一步：整形（拉坯）

什么是拉坯？拉坯就是把坯泥置于转盘上，借转盘旋转的力，用双手把泥巴拉成所需的形状，再用小刮刀或刮片将泥巴刮光滑，且转盘转得越快，制作出的泥巴越光滑。这是我国陶瓷制作的传统手法，这一过程称为拉坯。生活中常见的盘、碗、茶壶等圆器，都是用拉坯手法制作成型的。我们制作的蛋糕也是圆形，在抹面时，要想奶油表面光滑细腻，也要用到陶器拉坯的手法。

第二步：造型

在第一步的基础上，在陶坯上刻画出各种形状，如在陶艺中将整形的陶器用刮片在其表面进行拍打，制作出均匀的纹路，让圆形的陶器看起来更精致些。造型的方法还有掏空、挖洞、挑面、压面等许多手法。当这些面的制作手法运用到蛋糕制作中时，陶器的手工制作工艺就得到了进一步的延伸，由于鲜奶油和黏土存在着质的差异，因而在黏土上做不到的工艺，在鲜奶油上却能做到，如在面上烫出各种花纹（当然也要有一定的模具），用剪刀剪出各种花纹，用形状各异、大小不一的刮片刮出上百种图案等。

第三步：着色（赋釉）

陶艺的艺术造型重视点、线、面的关系，体积（俗称面）和线条不但是组成陶艺品的主要因素，而且是决定作品质量的关键所在，这一点运用到拉坯蛋糕中也有着异曲同工之妙。在确定好造型的基础上，再进行下一步赋釉。在拉坯蛋糕中的配色，为了与陶的质感相似一些，尽量采用与瓷质感相似的透明果膏作为上色材料。想要表现彩陶的效果，则采用喷粉或防潮巧克力粉来增添陶的质感。蛋糕着色方法与陶赋釉方法是差不多的，主要方法有淋果膏、喷色、裱色等。

第四步：
装饰（煅烧）

▶ 煅烧是将陶器进行最后装饰的一个关键程序。若烧得不到位会直接影响产品的美观及品质，陶的价位高低也恰恰依据这一步的优劣来定。这一步在制作蛋糕时称为表面装饰（主题），一般用水果、巧克力配件、卡通、花卉等作装饰。

第三节

陶艺蛋糕基础知识

由于陶艺手拉坯蛋糕是个性发挥、自由创作的一种蛋糕装饰学科，它具有随意性和自由性，更富想象力和创造力。想要制作出更好的手拉坯蛋糕，就必须摒弃传统蛋糕制作的规整、对称造型，摆脱中国古典的审美趣味，做到真正意义上的情感表达，从而实现陶艺与蛋糕的完美结合。

1 陶艺蛋糕工具分类

陶艺蛋糕工具可分为平口和锯齿（粗锯齿、细锯齿）两大类。粗锯齿工具适合大面积操作，使面显得大气、端庄。细锯齿适合小面积操作，使面显得细致、精巧，也可大面积操作，使面显得细腻、柔美。当奶油粗糙时，必须用锯齿刮片操作，锯齿刮片可以让蛋糕面上出现锯齿花纹（人的视觉差）。那么什么是视觉差呢？视觉差效应是由于视觉规律的作用，使视觉感受与实际状况产生差异的现象。这种视觉差效应既有形体的因素，也有色彩明暗等因素。

陶艺工具按材质不同可分为：硬质类工具和软质类工具。硬质类工具主要由硬质钢和硬质塑料制成，不易发生变形；软质类工具主要由软质钢和软塑料制成，稍微用力易发生变形。

2 手指的作用

手指的作用是将工具拿稳、拿牢、定形（绷紧）。

使用硬质工具时，手指将工具拿稳、拿牢即可，再利用硬质工具本身的花纹及相应手法做出造型（抹刀、小铲、烫勺等）；使用软质工具时，手指须将工具拿稳、拿牢、定形（绷紧），以定形后确定的形状做造型。

3 肢体的作用

操作时肢体可左右、上下移动。肢体协调搭配，但也有特殊的运动方向，例如做掏空及直面顶部在正前方收面时，肢体做向胸前移动的动作，将抹刀向胸前拉。

4 工具的作用：造型、花纹

工具是用来造型和制作花纹的。工具一旦接触奶油后，手指便不可再用力或放松，否则会使蛋糕变形，做不出自己想要的造型。

5 奶油移动的方向：向下、向内

在工具及肢体的控制下，奶油一般呈内或向下移动，但也有特殊的，如做直面和顶部收面时，需将抹刀立起，此时奶油受抹刀挤推，向上运动。

6 转台的作用：向左、向右转动

左手转动转台的方向是根据右手所拿工具放置的位置决定（如右手工具放左边，那么转台向左转，相反转台就向右转）。转动转台时，要学会利用转台的惯性，让转台快速转动。选择转盘时，转速慢、手感轻的转盘不适合做陶艺蛋糕，而转速快、手感重的转盘则适合做陶艺蛋糕。

7 色彩的作用

1 蛋糕色彩是"安静的售货员"，其作用是吸引消费者的视线。

2 不同的对象在接受相同色彩刺激时，心理感受是不同的，这是因其自身的生活经验、社会意识、文化水平、风俗习惯、民族传统、兴趣爱好不同造成的。就我国目前的情况看，经济发展水平较高、文化教育程度较高的地区较喜欢素雅的色彩；而在经济发展水平较低、文化教育水平落后的地区，浓艳亮丽的色彩则更受欢迎。

3 同样的颜色在不同的底色衬托下，会给人不同的视觉心理感受。举例如下：

红色
以黑色为底色，象征激情和力量。
以黄色为底色，红色受到抑制，处于从属地位。

绿色
以黄色为底色，轻盈明快。
以黑色为底色，稳重高雅。

黄色
以黑色为底色，象征富于进取性的辉煌。
以蓝色为底色，显得辉煌而喧闹。
以橙色为底色，流露出成熟的韵味。
以绿色为底色，极具扩张性，亮丽非凡。

④ 膨胀色在视觉上造成膨胀效果，物体比实际显得更大一些；反之为收缩色。膨胀色包括暖色和高明度色彩；收缩色包括冷色和低明度色彩。暖色系列的色彩一般感觉较轻，而冷色较重。

⑤ 影响色彩重量感的最大因素是明度。明度高的亮色给人的感觉是柔和、轻快、重量轻。明度低的暗色则显得低沉、有重量感。

8　陶艺蛋糕制作手法

陶艺蛋糕制作时，若使用单一手法，影响因素中工具占90%、技术占10%。通俗点就是在制作手法相同的前提下，运用不同的工具，制作出的蛋糕款式也不相同。单一手法，例如刮、沾、拍打、拍打与沾、拉、挑、提、推、切、掏、包、压。

若使用多种手法，影响因素技术占90%、工具占10%，多种手法即一款面上出现两种或两种以上的主要手法，例如一款面里有切（上切、侧切）和包（上包、侧包）的结合，还有切与压面的结合等。

9　陶艺蛋糕构图

为了与其他的类似手拉坯蛋糕的制作装饰有所区别，我们在构图形式上力求多元化，如精致可爱的卡通和水果完美结合、清爽逼真的花卉与巧克力件搭配、毛笔画与拉坯面的艺术结合等。

第四节

✤

陶艺蛋糕常用工具

常用工具

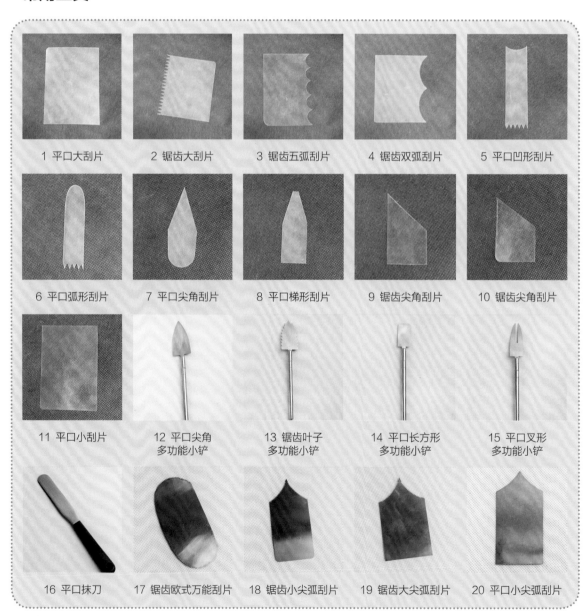

| 1 平口大刮片 | 2 锯齿大刮片 | 3 锯齿五弧刮片 | 4 锯齿双弧刮片 | 5 平口凹形刮片 |

| 6 平口弧形刮片 | 7 平口尖角刮片 | 8 平口梯形刮片 | 9 锯齿尖角刮片 | 10 锯齿尖角刮片 |

| 11 平口小刮片 | 12 平口尖角
多功能小铲 | 13 锯齿叶子
多功能小铲 | 14 平口长方形
多功能小铲 | 15 平口叉形
多功能小铲 |

| 16 平口抹刀 | 17 锯齿欧式万能刮片 | 18 锯齿小尖弧刮片 | 19 锯齿大尖弧刮片 | 20 平口小尖弧刮片 |

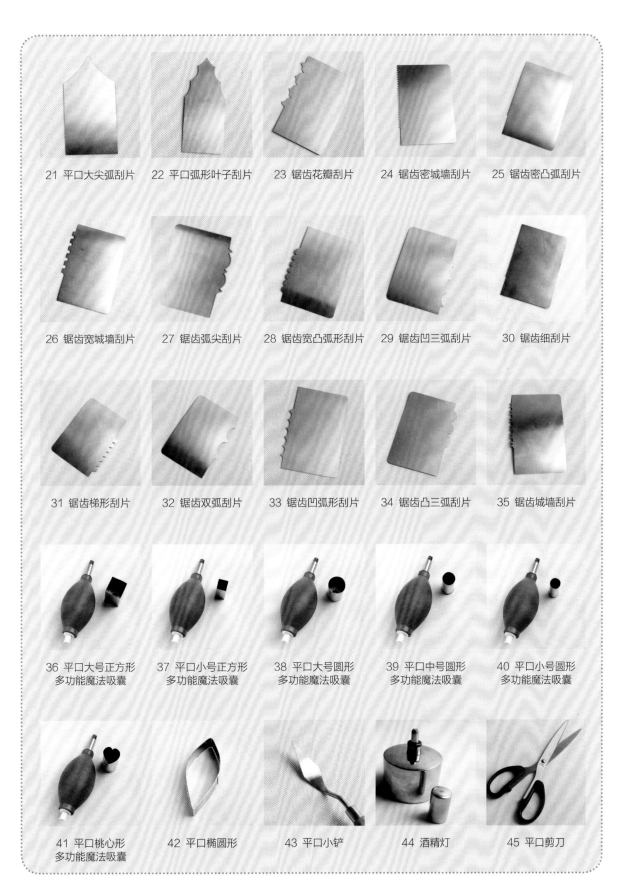

21 平口大尖弧刮片　　22 平口弧形叶子刮片　　23 锯齿花瓣刮片　　24 锯齿密城墙刮片　　25 锯齿密凸弧刮片

26 锯齿宽城墙刮片　　27 锯齿弧尖刮片　　28 锯齿宽凸弧形刮片　　29 锯齿凹三弧刮片　　30 锯齿细刮片

31 锯齿梯形刮片　　32 锯齿双弧刮片　　33 锯齿凹弧形刮片　　34 锯齿凸三弧刮片　　35 锯齿城墙刮片

36 平口大号正方形多功能魔法吸囊　　37 平口小号正方形多功能魔法吸囊　　38 平口大号圆形多功能魔法吸囊　　39 平口中号圆形多功能魔法吸囊　　40 平口小号圆形多功能魔法吸囊

41 平口桃心形多功能魔法吸囊　　42 平口椭圆形　　43 平口小铲　　44 酒精灯　　45 平口剪刀

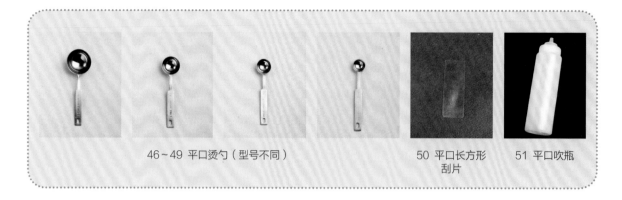

46~49 平口烫勺（型号不同）　　50 平口长方形刮片　　51 平口吹瓶

工具用途

型号	工具名称	用途
1号	平口大刮片	适合制作圆面刮、拍打、沾、拍打与沾、水纹的手法
2号	锯齿大刮片	适合制作圆面刮、拍打、沾、拍打与沾的手法
3号	锯齿五弧刮片	适合制作圆面刮、拍打、沾、拍打与沾的手法
4号	锯齿双弧刮片	适合制作圆面刮、拍打、沾、拍打与沾的手法
5号	平口凹形刮片	适合制作直面直压、双层、沾的手法
6号	平口弧形刮片	适合制作直面直压、层次、双层，以及圆面或直面直拉、弧拉、反拉、沾、挑、水纹的手法
7号	平口尖角刮片	适合制作直面直压、层次、双层、多层，以及圆面或直面直拉、弧拉、沾、挑、反拉的手法
8号	平口梯形刮片	适合制作直面直压、层次、双层，以及圆面或直面直拉、弧拉、沾、挑、反拉的手法
9号	锯齿尖角刮片	适合制作侧切边（上切边也可以），以及圆面或直面拍打、沾、直拉、挑、弧拉、反拉、包面的手法
10号	锯齿尖角刮片	适合制作上切边（侧切边也可以），以及圆面或直面拍打、沾、直拉、挑、弧拉、反拉、包面的手法
11号	平口小刮片	适合制作圆面或直面小面积刮、拍打、沾、水纹、拍打与沾的手法
12号	平口尖角多功能小铲	适合制作直面直压、层次、双层、多层，以及圆面或直面拍打、推、提、沾、直拉、挑、弧拉、反拉、烫的手法
13号	锯齿叶子多功能小铲	适合制作直面直压、双层、多层、层次，以及圆面或直面沾、直拉、推、提、挑、弧拉、反拉的手法
14号	平口长方形多功能小铲	适合制作直面直压、双层、多层、层次，以及圆面或直面沾、推、提、直拉、挑、弧拉、反拉的手法
15号	平口叉形多功能小铲	适合制作直面直压、双层，以及圆面或直面沾、直拉、挑、弧拉、推、提、反拉的手法
16号	平口抹刀	适合制作直面直压、层次、双层、多层，以及圆面或直面沾、拍打、挑、直拉、弧拉、反拉、拍打与沾、水纹、推、提的手法
17号	锯齿欧式万能刮片	适合制作直面直压、层次、双层、多层，以及圆面或直面水纹、拍打、拍打与沾、沾、直拉、弧拉、反拉、推、提、挑的手法

型号	工具名称	用途
18号	锯齿小尖弧刮片	适合制作直面直压、层次、双层、多层，以及圆面或直面拍打、沾、拍打与沾、直拉、弧拉、反拉、推、提、挑、交叉压的手法
19号	锯齿大尖弧刮片	适合制作直面直压、层次、双层、多层，以及圆面或直面拍打、沾、拍打与沾、直拉、弧拉、反拉、推、提、挑、交叉压的手法
20号	平口小尖弧刮片	适合制作直面直压、层次、双层、多层，以及圆面或直面拍打、沾、拍打与沾、直拉、弧拉、反拉、推、提、挑、交叉压的手法
21号	平口大尖弧刮片	适合制作直面直压、层次、双层、多层，以及圆面或直面拍打、沾、拍打与沾、直拉、弧拉、反拉、推、提、挑、交叉压的手法
22号	平口弧形叶子刮片	适合制作直面直压、层次、双层、多层，以及圆面或直面拍打、沾、拍打与沾、直拉、弧拉、反拉、推、提、挑的手法
23号	锯齿花瓣刮片	适合制作直面刮、拍打、沾、拍打与沾的手法
24号	锯齿密城墙刮片	适合制作直面刮、拍打、沾、拍打与沾的手法
25号	锯齿密凸弧刮片	适合制作直面刮、拍打、沾、拍打与沾的手法
26号	锯齿宽城墙刮片	适合制作直面刮、拍打、沾、拍打与沾的手法
27号	锯齿弧尖刮片	适合制作直面刮、拍打、沾、拍打与沾的手法
28号	锯齿宽凸弧形刮片	适合制作直面刮、拍打、沾、拍打与沾的手法
29号	锯齿凹三弧刮片	适合制作直面刮、拍打、沾、拍打与沾的手法
30号	锯齿细刮片	适合制作直面刮、拍打、沾、拍打与沾的手法
31号	锯齿梯形刮片	适合制作直面刮、拍打、沾、拍打与沾的手法
32号	锯齿双弧刮片	适合制作直面刮、拍打、沾、拍打与沾的手法
33号	锯齿凹弧形刮片	适合制作直面刮、拍打、沾、拍打与沾的手法
34号	锯齿凸三弧刮片	适合制作直面刮、拍打、沾、拍打与沾的手法
35号	锯齿城墙刮片	适合制作直面刮、拍打、沾、拍打与沾的手法
36号	平口大号正方形多功能魔法吸囊	适合制作圆面或直面包面的手法
37号	平口小号正方形多功能魔法吸囊	适合制作圆面或直面包面的手法
38号	平口大号圆形多功能魔法吸囊	适合制作圆面或直面包面的手法
39号	平口中号圆形多功能魔法吸囊	适合制作圆面或直面包面的手法
40号	平口小号圆形多功能魔法吸囊	适合制作圆面或直面包面的手法
41号	平口桃心形多功能魔法吸囊	适合制作圆面或直面包面的手法
42号	平口椭圆形	适合制作一些加热的烫边
43号	平口小铲	适合制作直面或圆面挑的手法
44号	酒精灯	加热工具用
45号	平口剪刀	适合剪刮片、剪奶油边
46~49号	平口烫勺（型号不同）	适合制作烫凹形边或凸形边、挑、压的手法
50号	平口长方形刮片	适合制作蛋糕分层、修饰边
51号	平口吹瓶	适合制作吹弧形

工具分类

按形状不同分类

平口工具：1、5、6、7、8、11、12、14、15、16、20、21、22、36、37、38、39、40、41、42、43、45、46、47、48、49、50、51号。

锯齿工具：2、3、4、9、10、13、17、18、19、23、24、25、26、27、28、29、30、31、32、33、34、35号。

粗锯齿工具：2、3、4、13、23、26、27、28、29、31、32、33、34、35号。

细锯齿工具：9、10、17、18、19、24、25、30号。

按材质不同分类

硬质工具：12、13、14、15、16、36、37、38、39、40、41、42、43、45、46、47、48、49号。

软质工具：1、2、3、4、5、6、7、8、9、10、11、17、18、19、20、21、22、23、24、25、26、27、28、29、30、31、32、33、34、35、50、51号。

第五节

陶艺蛋糕基本手法

刮

修饰陶艺蛋糕表面的常见手法，口诀：贴—压（轻轻地）—转（转台）。制作刮面时，刮刃必须贴于蛋糕表面直至蛋糕光滑、细腻。

水纹

修饰陶艺蛋糕顶部毛边常见的手法，口诀：贴—转—拉（向蛋糕中心）。制作水纹时工具只能在一条线上匀速向蛋糕中心点移动（移动得越慢，水纹就越密，相反，就越粗）。

拍打

装饰陶艺蛋糕表面花纹常见的手法，口诀：贴—压—提—转—停—压。制作时整体感觉是前后移动，左手转转台，右手拿工具，原地踏步，但是工具必须放在2点半钟的位置，只有这个位置拍打出的花纹才完美，并且工具必须倾斜，这样拍打出的花纹才会更加柔和。

沾

装饰陶艺蛋糕表面毛刺常见的手法，口诀：贴—压—提（迅速离开）。制作时刮片向下压必须有一定的深度，离开的速度要快（制作的路线是V形，通俗点就是从一个方向进去必须从另一个方向出来），工具必须放在2点半钟的位置，只有这个位置沾出的毛边才完美，并且工具必须倾斜，这样沾出的线条才能更加柔和。

拉

装饰陶艺蛋糕表面线条常见的手法，口诀：贴—压—拉。制作时要考虑工具是硬质还是软质，前者在拉的过程中，与面的表面变化角度要快，否则会拉出很深的凹槽；后者应放松工具，利用工具的柔软度。工具必须放在8点钟的位置，并且向蛋糕中心点移动，只有在这个位置制作时，肢体才是最放松的。弧拉是靠左右手协调配合制作而成的，左手转动转台、右手拿工具，两只手同时从6点钟位置起，左手到9点钟位置停，同时右手工具刚好到蛋糕中心点，也就是与左手在一个水平面。

装饰陶艺蛋糕表面扩张常见的手法，口诀：（从桶里挑奶油）压—提（当放在蛋糕表面时）—贴—压—拉。制作时根据工具不同表现方式分为：刮片、抹刀或小铲侧面，表现是贴—压—拉，烫勺顶部表现是贴—转烫勺—拉，抹刀弧形、顶部表现是贴—压—提。拉时工具必须放在8点钟的位置，转时工具必须放在9点钟的位置，提时工具必须放在弧形3点钟、顶部6点钟的位置，只有放在这个位置制作挑面时才完美。

推、提、半压

装饰陶艺蛋糕表面凸起常见的手法，推、提、半压从视觉上看是有一定的偏差的。推的口诀：贴—推—停—收刀，推（适合直面）用工具在蛋糕的边缘处，工具垂直向内侧推奶油，推到蛋糕顶部凸起约1.5厘米，停顿工具垂直向上收刀（推面时工具必须放在9点钟的位置，工具向内移动时应倾斜向上移动）；提的口诀：贴—压—提—停—收刀，提（适合圆面）用工具距离蛋糕底部边缘约2厘米处，工具在9点钟位置并垂直向上提，应出现倾斜的斜坡，提到蛋糕顶部凸起约1.5厘米，停顿工具垂直向上收刀；半压的口诀：贴—压—停—收刀，半压（适合直面）工具在6点钟的位置，并垂直向下压约2厘米的深度至侧面凸起即可，工具向内延伸的深度为1.5厘米。

装饰陶艺蛋糕表面齿轮常见的手法，压可分为直压、阶梯状、交叉、层次。直压口诀：贴—压，直压制作时工具向内延伸的深度最大为1.5厘米，并且工具要自然地滑落（工具放在6点钟的位置）；阶梯状口诀：贴—压—平拉—压—平拉，制作时，工具应放在6点钟或3点钟位置，向下压的层次最少12次；交叉制作时，工具放在3点钟或6点钟位置，交叉是建立在直压和阶梯状的基础上（表面的效果是三角形并且轮廓清晰、立体感强）；层次是建立在前两者的基础上，制作双层次、多层次的时候间隔比例是1：1。

掏

装饰陶艺蛋糕表面掏空常见的手法，掏口诀：转—压—开（刀柄向外）—翘（正面的刀刃）—平拉（匀速）。掏是将蛋糕顶部抹刀刀尖放于顶部中心点内侧，刀尖中心点偏左1~2厘米，刀尖放平，转动转盘先压出一定的深度，原地停顿一会儿，刀刃贴住奶油，使边缘光滑，然后刀柄向外打开，刀尖翘起30°，转动转盘，刀刃贴住奶油将刀整体向胸前打，刀柄打开至45°，一定要先压出深度，且在运动过程中，刀刃始终贴住奶油。

切

装饰陶艺蛋糕表面吹面常见的手法，切可分为侧切、上切，它们都是表现吹面的基础手法。
侧切口诀：贴—平移（平行的向左移动）—收；
上切口诀：贴—压（垂直向下压）—收。

装饰陶艺蛋糕表面镂空常见的手法，包的口诀：深度等于所用工具直径加1厘米；宽度等于所用工具直径加1厘米；内高度等于宽度加边缘厚度加1厘米。

常见术语

角度：工具与蛋糕表面、工具与转盘形成的夹角就是角度。

贴：是指工具的刃接触蛋糕表面。

压：是指将工具的刃在蛋糕表面轻轻压出凹形（使工具的刃更好地贴在奶油表面）。

比例：是指蛋糕每层的比例，一般比例可分为1∶1、1∶2、2∶1、1∶1∶1∶1。

第六节

陶艺蛋糕制作

梅香花意

制作过程

1 用大刮片将面刮圆。

2 用抹刀将顶部掏空，直至约占顶部2/3处，并将多余的奶油取出。

3 用三角刮片将蛋糕侧面1/2处抹平。

4 在顶部掏空里挤上绿色果膏，并用长方形刮片刮平。

5 用水滴形刮片在掏空的外侧做出纹路，刮片向下压再向上提。

6 用三角刮片切出薄边。

7 用吹瓶吹出弧形。

8 以同样的手法做出第二、三、四、五、六层。

9 将底部刮平并淋上绿色果膏，再用刮片将果膏刮光滑。

10 将制作好的蛋糕挑至底盘上即可。

梦缘天空

制作过程

1 用三角刮片在侧面切出一道边。

2 抹刀垂直放入侧面凹槽处，将奶油向中心推。

3 在切边内侧挤上粉色果膏，用刮片将蛋糕侧面刮直。

4 用三角刮片在侧面切出一道薄边。

5 用三角刮片将第二层切边覆盖到第一层切边上。

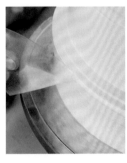

6 三角刮片在侧面切出吹边。

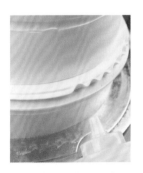

7 用吹瓶吹出弧形边。

8 以同样的手法在蛋糕底侧切出吹边，并用吹瓶吹出弧形边。

9 三角刮片放至蛋糕的侧面切出第三道薄边。

10 在薄边内侧挤上粉色果膏，用抹刀抹光滑。

11 用三角刮片切出第四道薄边。

12 用三角刮片将第四道薄边覆盖到第三层薄边上。

13 用三角刮片在顶部切出薄边。

14 用吹瓶吹出弧形边。

15 用三角刮片在蛋糕顶部切出第五道薄边。

16 在顶部挤上粉色果膏，并用抹刀抹光滑。

17 用三角刮片在蛋糕顶部切出第六道薄边并覆盖到第五层薄边上。

18 在蛋糕顶部切出薄边。

19 将吸囊加热，在顶部吸出心形花纹。

20 将制作好的蛋糕挑至底盘上。

百花争艳

| 制作过程

1 用锯齿刮片将顶部刮出纹路。

2 用刮片将侧面修圆。

3 用刮片将顶部多余奶油取出，走出水纹。

4 将小铲加热，在面的边缘压出纹路。

5 用铁片将顶部与侧面奶油分开。

6 用三角锯齿刮片将侧面刮出纹路。

7 将小铲加热，倾斜压出第二层纹路。

8 用三角锯齿刮片将侧面刮出纹路。

9 以同样的手法制作出余下几层。

10 用雕刀将底部奶油刮平。

11 顶部挤上黄色果膏，并用刮片带平。

12 将制作好的蛋糕挑至底盘上。

海蓝之光

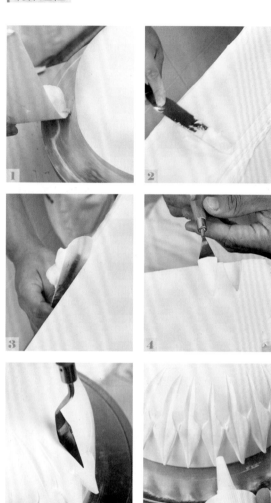

1　用大刮片将面抹成圆面，将多余奶油刮掉。

2　将奶油抹在白板上用抹刀刮平。

3　用抹刀将边缘多余奶油刮掉。

4　将雕刀正反面加热，在面上挑起奶油。

5　将小铲压在蛋糕边缘处，压出纹路。

6　在面上喷上喷粉。

7　以同样的手法制作剩下几层，每一层要交错着压。

8　将制作好的蛋糕挑至底盘上。

花果缤纷

1 用大刮片将面抹成圆面。

2 用三角形刮片将蛋糕顶部边缘1/3处切成三角形。

3 在面侧面淋上粉色果膏，用三角形刮片切出薄边。

4 用吹瓶吹出弧形边。

5 以同样的手法制作出第二层，并将顶部多余奶油取出，用刮片走出水纹。

6 将顶部淋上粉色果膏，并用刮片刮光滑。

7 将蛋糕侧面1/2处切出棱角。

8 将顶部切平，淋上粉色果膏，并刮光滑。

9 将烫勺加热，在底部压出纹路，在纹路内挤上粉色果膏。

10 将制作好的蛋糕挑至底盘上。

菊花之美

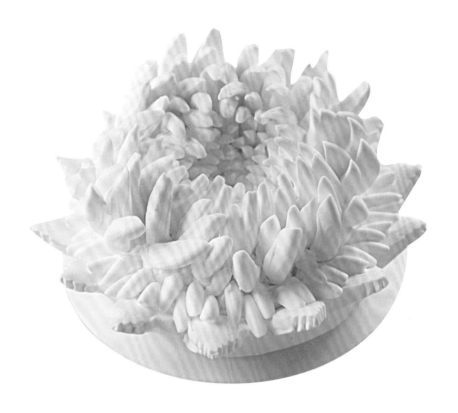

制作过程

1 先将奶油以中快速打发至六成半（光滑、细腻状），用抹刀将奶油均匀抹在蛋糕坯上。

   注：抹面时奶油要多些。

2 抹刀从蛋糕面顶部抹出一个凹槽。

   注：刀刃翘起30°，使奶油向刀面内侧移动，刀柄与顶部平面呈75°。

3 用长方形刮片将蛋糕顶部边缘修光滑。

   注：拿刮片时大拇指在内侧，食指、中指、无名指、小拇指在外侧，大拇指、食指、小拇指用力将刮片绷紧，同时刮面与转台呈65°，使奶油向下移动。

4 用火枪将雕刀（U形）加热至45℃，雕刀放在自己正前方距中心点2厘米处，向自己面前拉使其自然的弯曲。

   注：拉时由浅到深有利于花瓣的成形，如加热温度过高导致奶油融化，温度过低会粘住雕刀。

5 制作第二、三层时直接交叉制作即可。

　　注：花瓣一层比一层更长，工具选用的型号为同一型号。

6 用平口类雕刀将其抹平。

　　注：修平时雕刀不需要加热，一定要选择前端为尖角的雕刀。

7 用火枪将雕刀（U形）加热至45℃并与前一层花瓣交叉，雕刀放在自己正前面由浅到深向自己面前拉。

　　注：加热是为了防止奶油粘在雕刀上，同时使其自然弯曲，使花瓣看起来更加自然，这时选择雕刀应比前者大一号。

8 用抹刀将打发好的奶油均匀抹在蛋糕坯上，并用抹刀将其抹成直面。

　　注：抹成梯形为最佳。

9 用多功能小铲（叶子状）从蛋糕侧面向内压出约0.5厘米的凹槽，一个接一个制作。

　　注：小铲落点应距底部转台约2厘米，同时小铲可以加热也可以不用加热，向内压时小铲的尖角要压深点。

10 用火枪将抹刀加热至30℃，刀与蛋糕面侧面倾斜45°向下压并使其自然向外张开。

　　注：压面时尖角应薄、根部厚，这样的支撑力、厚薄度为最佳。

11 用火枪将雕刀（U形）加热至45℃，雕刀与蛋糕面侧面倾斜45°向下压使其自然滑落。

　　注：以同样的方法制作3~4层。

12 将之前制作好的菊花挑到刚刚制作好的底座上，并用毛笔将花瓣修饰光滑。

　　注：挑上去时切记前低后高，修饰时毛笔应用水湿一下。

13 用火枪将雕刀（U形）加热至45℃，从奶油桶里挑起一片花瓣放于蛋糕的相接处使其整体看起来更加自然。

　　注：雕刀选择为大号，在奶油桶里抹奶油时刀柄与桶的内侧倾斜45°将奶油抹平，且光滑无气泡。

14 用巧克力喷枪将巧克力浆均匀喷在蛋糕面上。

　　注：喷枪与蛋糕保持60~80厘米的距离，喷面时应将转台快速转起，再将巧克力浆均匀喷在蛋糕面上。

国色天香

| 制作过程

1 将奶油放入奶油桶里并以中快速打发至六成半（呈光滑、细腻状），用抹刀将奶油均匀抹于蛋糕坯上。

  注：抹面时奶油应多放些。

2 用大刮片将打好的底坯刮圆、刮光滑。

  注：拿刮片时大拇指用力夹住食指第二个关节防止刮片滑落，小拇指控制刮片长度1/2处以下，中指、无名指辅助，食指控制刮片1/2处以上。

3 用三角形刮片将蛋糕顶部边缘切出薄边约2厘米深。

  注：拿刮片时大拇指在刮片的内侧，其余四个手指在刮片外侧用力将刮片绷紧、拿稳、拿牢，刮片的刮面向外张开约35°，垂直向下压出深度即可。

4 用吹瓶将切好的边缘向外吹凸起，对角吹八个。

  注：用吹瓶吹面时应注意吹瓶与蛋糕面的距离在5厘米为宜，手指捏吹瓶的速度越快气流就越大，相反就越小。

5 用长方形刮片将瓶口里的奶油全部取出直至深度达到5厘米，将里面修平、修光滑。

6 用刮片将花瓶的底座修平、修光滑，并且将底部用刮片切开，用透明果膏将花瓶整体淋一层。

  注：果膏要加水调一下，比例是3：1。

7 用勾线笔在花瓶表面将玫瑰花的轮廓勾画出来。

8 将勾好的玫瑰花轮廓涂上颜色，使玫瑰花层次感更加鲜明。

9 用毛笔将玫瑰花的叶子画出来。

10 用毛笔将玫瑰花花瓶空的地方画上小花点缀一下。

缠绕

1 将奶油放入奶油桶里并以中快速打发至六成半（光滑、细腻状），用抹刀将奶油均匀抹于蛋糕坯上。

　　注：抹面时奶油应多放些。

2 用大刮片将打好的底坯刮圆、刮光滑。

　　注：拿刮片时大拇指用力夹住食指第二个关节，以防止刮片滑落，小拇指控制刮片长度1/2处以下，中指、无名指辅助，食指控制刮片1/2处以上。

3 用三角形刮片将蛋糕顶部边缘切出薄边约3厘米深。

　　注：拿刮片时大拇指在刮片的内侧，其余四个手指在刮片外侧，并用力将刮片绷紧、拿稳、拿牢，刮片的刮面向外张开约35°，垂直向下压出深度即可。

4 用长方形刮片将花瓶瓶口里的奶油全部取出来。

　　注：大拇指在刮片的内侧，其余四个手指在刮片的外侧，并用力将刮片绷紧、拿稳、拿牢、定形。

5 将整个花瓶淋上一层蓝色果膏。

　　注：装果膏的裱花袋与蛋糕侧面打开45°角左右，果膏与水的比例为1：3。

6 用吹瓶将花瓶瓶口吹出一个弧形。

　　注：用吹瓶吹面时应注意吹瓶与蛋糕面的距离在5厘米左右最佳，手指捏吹瓶的速度越快气流就越大，相反就越小。

7 用饼干制作出花瓶的瓶把，用裱花袋将奶油均匀地挤上去，用毛笔将奶油刷光滑、细腻。

8 用毛笔在瓶口以下2厘米处画一圈分界线即可。

青花恋

制作过程

1 将奶油放入奶油桶里
   并以中快速打发至六
   成半（光滑、细腻
   状），用抹刀将奶油
   均匀抹于蛋糕坯上。
   注：抹面时奶油应多
   放些。

2 用大刮片将打好的底
   坯刮圆、刮光滑。
   注：拿刮片时大拇指用力
   夹住食指第二个关节防止
   刮片滑落，小拇指控制
   刮片长度1/2处以下，中
   指、无名指辅助，食指控
   制刮片1/2处以上。

3 用三角形刮片将蛋糕
   顶部边缘切出薄边约
   5厘米深。
   注：拿刮片时大拇指在刮
   片的内侧，其余四个手指
   在刮片外侧并用力将刮片
   绷紧、拿稳、拿牢，刮片
   的刮面向外张开约35°，
   垂直向下压出深度即可。

4 用长方形刮片将花瓶
   瓶口里的奶油全部取
   出来。
   注：大拇指在刮片的
   内侧，其余四个手指
   在刮片外侧，并用力
   将刮片绷紧、拿稳、
   拿牢、定形。

5 用火枪将抹刀加热至
   45℃左右，将花瓶
   的瓶口削出一个V字
   形开口。

6 用毛笔将花瓶的V字
   形开口刷光滑、细腻。
   注：毛笔刷面之前应
   用水湿润一下。

7 将整个花瓶淋上一层
   透明果膏。
   注：果膏应加水调一
   下，比例是3:1。

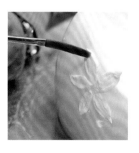

8 用裱花袋在瓶身上制
   作出花瓣（切记花瓣
   要薄），然后将挤好
   的花瓣用毛笔刷光
   滑、细腻，最后将花
   瓣描上颜色即可。

CHAPTER 04

第四章

✦

毛笔画
蛋糕

第一节

✤

毛笔画蛋糕基础知识

目　　标：了解和掌握毛笔画蛋糕基本知识和基本手法。
重　　点：掌握工具和材料的特性。
工具原料：转台、抹刀、毛笔、调色盘、透明果膏、色素。

意境是中国传统美学思想的重要范畴，意境概念运用到裱花蛋糕上，是裱花蛋糕从造型阶段到意象阶段的转变，使裱花蛋糕制作工艺和意象情感的结合提升了一个空间。意境不仅是蛋糕设计的依据，也是蛋糕艺术欣赏的根据。裱花蛋糕是通过塑造直观的、具体的造型艺术形象构成意境的，为了克服造型艺术由于瞬间性和静态感带来的局限，裱花师往往通过富有启发性和象征性的造型艺术语言和表现手法显示意向造型的流程和情感拓展。使裱花蛋糕作品中的有限的空间和形象蕴含着无限的大千世界和丰富的思想内容。从这个意义上讲，意境的最终构成，是由蛋糕创作和欣赏两个方面的结合得以实现的。它能给人以无声胜有声的感觉。正是这种感觉使作品中的意境得以展现出来。情与景是构成裱花蛋糕意境的基本因素，但意境中的情需是蕴理之情，是瞬间情感精神的折射；而景不仅仅是一般蛋糕造型景观，同时也包括能够触动人的情怀，引起生活回忆的场合、环境、人物和事件，这样才能使裱花作品的意境在欣赏过程中得到心理上的认同和感情上的共鸣。下面就让我们一起来看一下用喷枪和毛笔来体现意境效果的蛋糕制作方法。

1 毛笔画蛋糕的由来

将中国特有的毛笔画与西洋画融会贯通，以喷画、浮雕、立体相结合的多种手法，开辟出一条新型的蛋糕创作思路。具有醒目、动人的艺术效果。

2 工具

在奶油上作画的这种技法是王森艺术西点学校发明的一种装饰技法，使用的笔是该学校研制的专用毛笔，是用耐高温的无毒塑料纤维做成的。笔杆是纯透明的，干净卫生、不掉毛、没有细菌。但要注意在清洗的过程中不要用热水烫笔，专用毛笔虽然耐高温，但烫时间过长，毛笔容易变形。

毛笔画的色彩，根据画面的需要和人们的欣赏习惯来着色，不完全按照物象的固有色来着色。红花绿叶可画为红花黑叶，绿竹可用水墨甚至可用朱红。

3 材料

毛笔画使用的材料是果膏和色素，果膏主要作用是利用它的黏性，紧紧锁住色素不让它浸到奶油里，可以长时间保持色彩的鲜艳。使用过程中，不能添加过多色素（超过果膏的分量），也可以直接用带颜色的果膏。另外，毛笔画用的鲜奶油也是有一定要求的。一般将植脂奶油打到6～7成发，奶油表面要细腻有光泽，没有气泡。

毛笔画蛋糕制作要点

1 分解步骤

执笔姿势

掌握好执笔姿势是画好毛笔画的前提条件，要想使画出的点线有质量，执笔姿势的正确与否是很重要的。一般来说采用与写书法时相同的五指执笔法即可。方法是用拇指、食指和中指执住笔杆，以无名指和小手指抵在笔杆内侧做辅助性移动。这里需要注意几个手指不能散，应不紧不松地自然靠在一起。同时做到指实掌虚，手心可放下一个鸡蛋。执笔位置的高低变化，可根据画幅大小，表现形式的不同而灵活掌握。

2 基本笔法

中锋

最常用也是最基本的笔法。应用时将笔杆垂直，笔头压到笔肚，笔锋始终处于笔画中间位置，画出的线条圆润厚实，适合表现明确而肯定的形态。

侧锋

　　中锋用途虽然广泛，但还有一定的局限性，特别是在动物画中，表现动物皮毛质感很强的时候，单靠中锋是不够用的。如果把笔杆侧一点表现力会更丰富。应用时笔杆稍侧卧，用整个笔的侧面，笔锋始终处在笔画的一边，笔道有深浅，变化比较丰富。

顺锋

　　将笔杆卧倒，顺着笔往后拖，顺笔的笔道光润、自然流畅。

转锋

　　笔在运行时改变原来的运笔方向。

第二节

毛笔画蛋糕制作

山茶

重点画法：花瓣画法。

操作难度：★

▍制作过程

1 用小号毛笔中锋笔法画出二笔触，形成一片花瓣。

2 外侧花瓣向外画出弯曲笔触。

3 在每片花瓣之间相接处用
　小号毛笔勾出白色线（如
　图），分开来表现立体效果。

4 用黄、绿奶油分别点出
　花蕊。

5 小号笔用中锋笔法画出二
　笔触形成一片绿叶。

6 在每片叶子中间勾出叶
　茎线。

7 小号毛笔蘸上咖啡果膏勾出
　树枝结构，要有虚实变化。

8 用中锋笔法画出蝴蝶翅膀。

9 勾画出蝴蝶身体、腿和
　触角。

✿ 小贴士
　NOTE

　　此款蛋糕笔触简单明了，有了蝴蝶的点缀，使画面更
　加生动。

菊花

重点画法：菊花画法、构图。

操作难度：★★★

制作过程

1 用中号毛笔蘸果膏，以点的手法画出花蕊。

2 以花蕊底部1/2处为中心点，每个花瓣以"尖宽尖"的走向往中心点收。

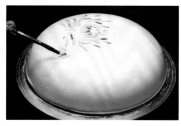

3 花瓣的摆放无规律，花苞的画法与花朵手法一样。

4 用中号毛笔带出尖宽尖的叶子。

5 叶子近大远小、近深远浅，三片叶子中间大、两边小。

6 用小号毛笔勾出菊花叶茎。

7 在空白处放上圆形模具，并用喷枪喷出蓝色的天空效果。

8 在月亮上写上字，用直花嘴与圆齿嘴打出花边。

萱草

1 用小号毛笔蘸透红果膏，
用转锋笔法轻入运行，再
顿压运行，轻运行收尾，
形成尖宽S形笔触。

2 用同样笔法画出弯曲笔触，
才能形成一片完整花瓣。

3 第二片花瓣与第一片笔法
相同，用二笔触带出形成
花瓣。

4 每节花瓣都是同样笔法，花
瓣长短统一。

5 一共六节花瓣，下两片弯
度大些，体现侧面花朵
形态。

6 笔触若一次带不出花瓣的
尖部，最后在每片尖部可
以修饰一下带出。

7 花瓣的色较深，每片花瓣之
间的笔触融在一起分不清
楚，用小号毛笔不蘸色，在
每片花瓣中间勾画出白色线
条，使其有立体感。

8 中号圆毛笔蘸透绿果膏，
用顺锋笔法画出叶子。

9 用小号毛笔顺锋笔法，画
出花枝和叶茎。

10 用黑色果膏在每瓣中间　11 花蕊用黄色奶油拔出。
　　点上小黑点，效果更好。

✳ 小贴士
NOTE

整体画面，花朵花形大小统一，一高一
低，有长、短、深、淡、粗、细、叶子弯
度的不同变化，使画面生动活泼。

牡丹花

重点画法：花朵层次与花瓣画法。

操作难度：★★

制作过程

1 用小号毛笔中锋笔法画出较短笔触。

2 用同样中锋笔法画出比第一个短的笔触。

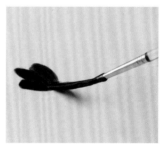

3 用同样中锋笔法画出第三个笔触，完成第一层的下部花瓣。

4 用同样中锋笔法画第一层上部花瓣。

5 用同样中锋笔法画第二层下部花瓣，笔触较宽、较长。

6 用同样中锋笔法画第二层上部花瓣，笔触较短小。

7 用小号毛笔不需蘸果膏，在每片花瓣上勾几道线，自然显示出白色线条。

8 分别用小号、中号毛笔蘸淡绿果膏，用中锋笔法画出大小不同的底层叶子。

9 然后进行细节刻画，再用深果膏在需要加深的叶子上做处理。

10 用勾花瓣线的手法勾叶　　11 用黄奶油挤出花蕊。
子茎线。　　　　　　　　注：黄果膏无法表现出此
效果。

✳ 小贴士
NOTE

整体色彩、笔触有实有虚，有深有淡，层
次分明，立体感强，加一些小花絮装饰，
使整体效果构图更完美。

鱼

重点画法：金鱼画法。

操作难度：★★

制作过程

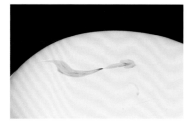

1 用中号毛笔以顺锋的手法画出
身体和S形尾巴。

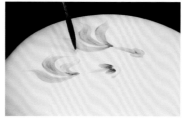

2 第二条鱼与第一条鱼的尾巴方
向略微改变。

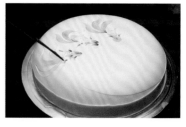

3 用小号毛笔画出金鱼的鱼鳍。

4 用小号毛笔蘸深色的果膏画出
金鱼的眼睛和眼眶。

5 在左侧空白处放上荷花与荷
叶，并用毛笔勾出荷梗。

6 用喷枪沿蛋糕边缘喷出雾状的
绿色水面效果。

7 用圆齿嘴以抖动的手法挤出
花边。

8 此类款式最适合制作10寸以下
的蛋糕。

马

重点画法：马的画法和构图。

操作难度：★ ★ ★

制作过程

1 用小号毛笔勾勒出马的轮廓线。

2 用中号毛笔蘸浅咖啡色果膏，以侧锋的手法画出马的脖颈。

3 用中号毛笔以侧锋的手法由后向前画出马的肚皮和鬃毛。

4 用深咖啡色果膏，以由重到轻的笔触画出胸肌和腿部。

5 用勾线的手法，勾出马的肌肉和蹄子。

6 用小号毛笔随意地勾出一簇一簇的小草。

7 右侧放上线式摆放的大百合。

8 用圆齿嘴打逗号形花边，毛笔写出字。

鸟

重点画法：毛笔画鸟、叶子。

操作难度：★★★

▌制作过程

1 用小号毛笔勾出大形后，用中号毛笔中锋笔法，画出头部，身体用侧锋画。

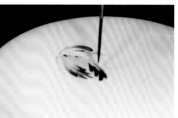

2 用小号毛笔由下往上提的手法画出鸟的羽翼。

3 用小号毛笔勾勒出枝干。

4 用中号毛笔，侧锋，以宽尖的纹路画出叶子。

5 用深色的色素直接勾勒出不对称的叶茎。

6 用直花嘴做出玫瑰花倾斜放在枝干的头部。

7 用低压喷枪沿着圆形模具边缘喷上橙色。

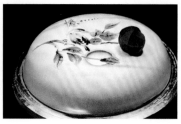

8 用手轻轻拿掉模具后，再用喷枪喷出雾状的天空效果。

第五章

卡通蛋糕

第一节

✦

十二生肖

卡通鼠

制作重点：注意老鼠身子的圆润和顺畅度，五官比例要协调。

操作难度：★★★

┃ 制作过程

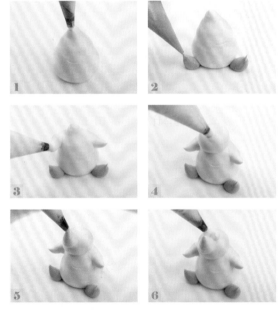

1 用圆形花嘴垂直挤出锥形身体。

2 用蓝色奶油细裱在身体下方两边挤鞋子，开头小、中间粗、向上翘起尖。

3 在身体上方1/3处的两侧把花嘴插入，制作上肢，注意关节的制作。

4 将花嘴倾斜45°插入颈部，挤出扁圆球，作为脸部。

5 接着在脸部的中间插入，挤小圆球，向下变大挤圆球，再向前上翘起尖作为鼻子。

6 在鼻子的上方挤两个小圆球作为眼睛，要紧靠鼻子。

7 用奶油细裱在头顶两侧绕圈表现耳朵，两口向外、偏大。

8 用巧克力线膏画出五官表情。

卡通牛

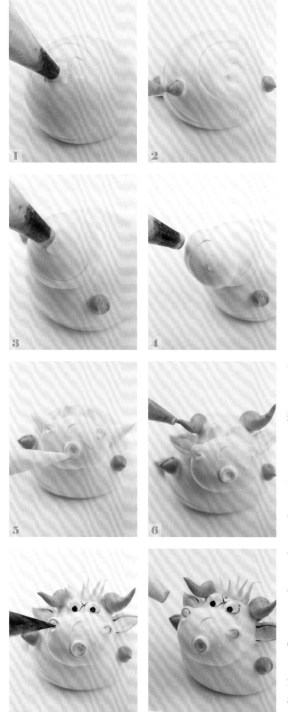

制作重点: 五官、身体比例的要协调好,挤裱时流畅
度要掌握好。

操作难度: ★ ★ ★

1 用圆形花嘴倾斜45°角挤圆球作为身体。

   注:避免身体太瘦小。

2 用咖啡色奶油细裱在身体两侧前方和后方各表现
   一对牛蹄。

3 把花嘴呈45°斜角挤扁圆球作为脑袋。

   注:避免头部太大或太小。

4 花嘴角度不变,在脑袋的偏下位置由中间向两边
   平移表现嘴部,偏大呈椭圆形。

5 在脑袋的后方两边水平拉出耳朵,由粗至细,然
   后用奶油细裱在嘴巴的前端绕圈表现嘴型。

   注:避免嘴巴太扁、太宽、太大。

6 在头顶耳朵的正上方,由粗至细制作牛角,角尖
   要翘起。

7 用巧克力线膏画五官表情。

8 用橙色喷粉对耳朵部分进行喷饰,再用粉色喷粉
   对鼻孔、嘴巴、脸蛋进行喷饰,使其更可爱。

老虎

制作重点：身体四肢、面部五官要协调好，用色均匀和谐，挤裱时奶油流畅。

操作难度：★★★

制作过程

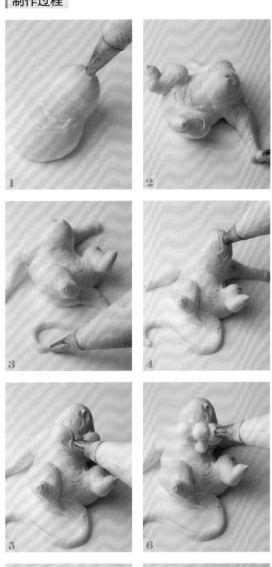

1 用圆形花嘴在蛋糕表面倾斜45°，挤出三个由大至小、略带弧度的圆球表现身体。

2 裱花嘴在臀部两侧上方插入，制作后肢，要制作出大腿、小腿、脚掌。插入前胸两侧制作上肢，制作出上膀臂和下膀臂，肢体动作要自然，注意粗细变化。

3 在臀部的后方，呈S形拉出尾巴。

4 将花嘴倾斜45°插入颈部，挤出椭圆形球作为脑袋。

5 用白色奶油在头部下方贴着表面，挑出腮。

6 在腮的下方中间位置向下拉出椭圆形球作为嘴巴，在腮的中间位置挤上两个又圆又大的肉球。

7 用奶油细裱在肉球的正上方之间拉出鼻梁，并在鼻梁上方挤上一对圆球作为眼睛，注意整个五官要集中。

8 用巧克力线膏画五官表情。

卡通兔

制作重点：四肢与身体的比例协调，动作圆润，五官自然，挤裱时奶油流畅。

操作难度：★ ★ ★

制作过程

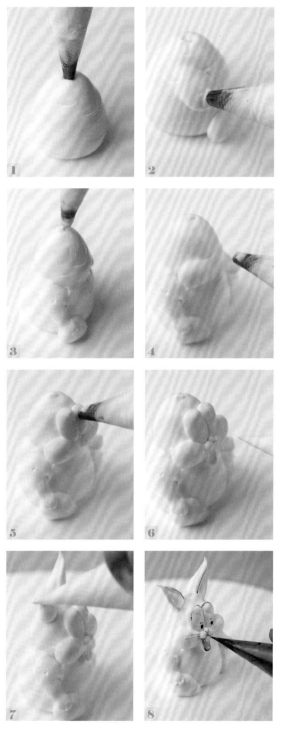

1 将圆形花嘴与蛋糕表面垂直90°，直拉出锥形身体。

2 在身体的下方两侧和身体上方1/3处的两侧分别制作四肢，动作要自然。

3 将花嘴垂直90°，挤出与身长差不多的头。

4 花嘴角度放平在嘴巴下方，从中间至两边由小到大推出腮。

5 在腮的正上方中间位置，由下到上挤椭圆形眼睛。

6 在眼睛和腮交接的中间位置挤两个小圆球，然后在小圆球的上方之间挤上鼻梁，最后在肉球的下面向下垂直拉出嘴巴，呈椭圆形。

7 在头顶的两侧向上延伸制作出柳叶形的耳朵，偏长。

8 用黑色巧克力细裱刻画五官表情。

龙

制作重点：四肢与身体的比例协调，动作圆润，五官自然，用色均匀，挤裱时奶油流畅。

操作难度：★★★★

制作过程

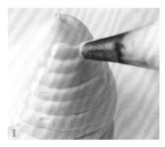  

1 用动物嘴垂直挤出锥形身体，要饱满，中间肚子部分突出。然后将花嘴放平，用白色奶油贴着身体正前方，从下到上、由长到短制作肚皮部分。

2 把花嘴倾斜45°，在身体前的下方两侧分别插入制作下肢，注意大腿、小腿、脚的关节制作，长短相等，形态自然。

3 花嘴角度不变，从身体后面最下方的中间插入制作尾巴，注意粗细度与身体要协调，由粗到细延伸，向前呈S形路线作为龙尾。

 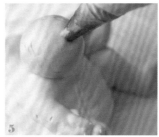 

4 在身体上方1/3处两侧分别插入制作上肢，注意关节的制作，形态自然即可。

5 将花嘴倾斜45°角挤出水滴形圆球作为脑袋。

6 用奶油细裱在脑袋最下方两侧吹出小肉球作为腮，要圆润。然后在腮的中间偏上位置，略向前延伸表现嘴部，然后在嘴部下方1/3处画嘴线，分为两半，表现上嘴唇和下嘴唇，然后在上嘴唇上端中间部分，挤圆球作为鼻头，同时画出鼻孔，最后在嘴巴上方，脑袋上两侧挑出椭圆形眼睛。

7 分别用黄色和粉红色奶油细裱表现龙头部和尾部毛发，毛发形状要自然。

8 最后用巧克力线膏画五官表情。

蛇

制作重点：四肢与身体的比例协调，注意尾巴弧度的处理，五官自然，用色均匀，挤裱时奶油流畅。

操作难度：★ ★ ★

制作过程

1 将圆形花嘴在蛋糕面上垂直90°，花嘴离蛋糕面1厘米，顺时针绕圈制作蛇的第一层身体，要饱满圆润。

2 花嘴角度不变，用同样的方法制作第二层身体，注意接口部分的奶油要融合。

3 花嘴角度略倾斜，从颈部由内向前上延伸制作水滴形头部。

4 花嘴倾斜45°，分别在头部两侧后端插入吹出两个肉球，作为嘴角，要大而圆。

5 花嘴角度呈45°斜角插入身体第一层开头部分，挤奶油相连接，注意奶油粗细的过渡，制作摆动的形象，动作自然即可。

6 用奶油细裱以两边嘴角为开端和结尾，连接挖出嘴线，上嘴略翘，下嘴略翻，然后在头顶偏后方用细裱挑出心形眼眶。

7 用粉红色奶油在尾端制作蝴蝶结，在头顶后方以螺旋形绕出睡帽，最后在脖颈部分做上围巾。

8 用黑色细裱制作五官表情，注意线条的粗细变化。

马

制作重点：头与身体的比例协调，挤裱
时奶油流畅，五官的细节处
理要把握好。

操作难度：★ ★ ★

▌制作过程

1 将花嘴倾斜45°，
挤两个圆球，大小相
等作为身体，第二个
圆球抬起略带弧度。

2 用咖啡色奶油挤出四
肢的蹄子部分，以挤
小圆球的方法来制作。

3 在臀部的后方制作尾
巴，呈S形，有3至
4根即可。

4 将花嘴呈45°斜角
插入颈部，挤水滴形
头部。

5 在水滴形头部的前端
挤圆球作为嘴巴。

6 在嘴巴的上端两侧挤
倒八形鼻孔，在嘴巴
下方中间部分绕小圈
作为嘴巴。

7 用咖啡色奶油细裱由
颈部，从下向上延伸
制作颈毛和发型。

8 用巧克力线膏刻画五
官表情。

羊

制作重点：头与身体的比例协调，挤裱
时奶油流畅，五官比例要自
然，用色均匀和谐。

操作难度：★ ★ ★

| 制作过程

1 用圆形花嘴挤出圆球
作为身体。

2 用咖啡色奶油细裱在
身体两侧的前方和后
方各制作一对羊蹄。

3 将花嘴倾斜45°，
制作水滴形头部，脑
袋为圆球，脸部为锥
形，两者长度相等。

4 在脑袋两边后方由粗
到细水平拉出一对
耳朵。

5 在头顶偏后方用奶油
细裱制作细丝作为头
部毛发。

6 在耳朵正上方头顶两
侧向后绕圈，约绕两
圈左右作为羊角。

7 用黑色巧克力细裱刻
画五官表情。

8 用橙色喷粉对耳朵进
行喷饰。

猴

制作重点：头与身体比例要协调，虽然夸大但是要和谐自然，身体弧度自然。

操作难度：★ ★ ★ ★

制作过程

  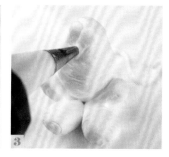

1 将圆形花嘴垂直90°置于蛋糕面上，离蛋糕1厘米挤圆球，再向自己的方向平推挤奶油，略向上形成肚子，向上45°挤奶油形成前脑，垂直向上拉出颈部。

2 用圆形花嘴在身体前方最下端两边插入，向两边上方挤出大腿，再向下内侧挤出小腿，脚向内侧。

3 将圆形花嘴倾斜45°插入颈部挤出小圆球，作为脑袋。

4 将圆形花嘴倾斜45°，由脑袋中心点向两边上方、再向下挤出眼睛。

5 将圆形花嘴插入眼睛下端，向下挤大圆球，要大而饱满。

6 用细裱在眼睛和嘴巴连接处的上端插入，挤出大鼻子，在脑袋两边挤出耳朵。

7 用细裱围绕眼睛边缘画出眼线，在嘴巴上端两边插入挤圆球挤出嘴角，再画出嘴缝。

8 用圆形花嘴在身体上端两边插入，向上方绕出上肢，再用细裱挤出手指、脚趾。用巧克力细裱刻画五官及表情，注意粗细变化。

鸡

制作重点：头与身体比例要协调、和谐，身体弧度自然，用色均匀。

操作难度：★★

制作过程

1 用圆形花嘴挤出锥形身体，要饱满，挤出头部，呈小圆球形。

2 在身体最下方两边插入花嘴挤出圆球，作为鸡大腿。

3 在身体上方1/3处两侧由上到下、由窄变宽、再向后下方带出尖，制作鸡翅。

4 用黄色奶油细裱在鸡大腿的前端分别挤出鸡爪，中间长、两边短，各做三根。

5 用咖啡色奶油在鸡的背面，制作鸡尾呈扇形，中间长、两端短。

6 用粉红色奶油细裱在脑袋的下方，由小到大、由上到下制作鸡冠，在下鸡冠的上方用黄色奶油细裱表现鸡嘴，上嘴长、下嘴短，然后在鸡嘴的上方用动物嘴挤两个白色奶油圆球作为眼睛，三者紧靠。

7 用粉红色奶油细裱在眼睛的上方，头顶处，由前到后，由短到长，一个接一个，拔三根，制作鸡冠。

8 用巧克力线膏画五官表情。

狗

制作重点：头与身体比例要协调，五官和谐，身体弧度自然，用色均匀。

操作难度：★★★

制作过程

1 将圆形花嘴倾斜45°在蛋糕面上挤出一个长圆球，在第一个球的基础上将花嘴45°方向插入延伸制作出前胸和颈部。

2 在臀部两侧插入裱花嘴，向前上方、向下、再向前制作后腿，再插入身体长度的1/3处，在两侧挤出肘部，再向前下方制作前肢。

3 用奶油细裱分别插入四肢脚掌，挤四个小圆球作为脚趾。

4 将花嘴呈45°插入颈部，挤出扁圆球作为脑袋。

5 用奶油细裱在脑袋上画出心形的眼眶，约占脸部2/3的面积，然后在最下方的两边挤两个小圆球作为嘴角。

6 用花嘴在嘴角之间压住眼眶一部分挤两个大肉球，然后在最下方垂直拉出嘴巴。

7 将花嘴呈45°斜角在心形的眼眶内制作白色眼球。

8 用黑色巧克力细裱刻画五官表情和瓜子。

猪

制作重点： 头与身体比例虽然被夸大但是要协调，五官和谐，身体弧度自然，用色均匀。

操作难度： ★ ★ ★ ★

| 制作过程

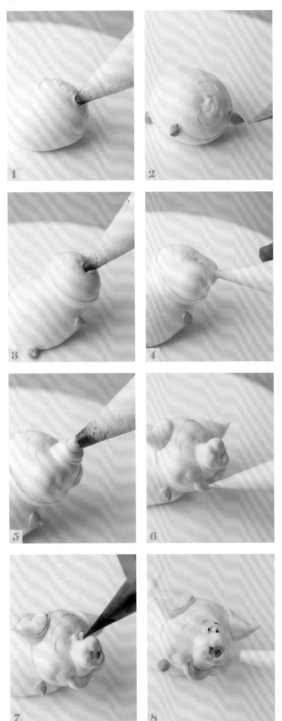

1 用圆形花嘴挤出圆球，作为身体。

2 用咖啡色奶油细裱在身体两侧前方和后方各制作一对猪蹄。

3 将花嘴倾斜45°角挤圆球，作为头部。

4 用奶油细裱在头部下方两边插入，吹腮，要圆润饱满。

5 在腮之间偏上位置，把花嘴插入头部挤出绕圈，绕两圈左右作为猪鼻子。

6 用奶油细裱在鼻头的上方中间和下方两边各吹出一个小球，使整个鼻子显得有肉感，并在中间垂直由上到下压两个小鼻孔。最后在头部下方画上一个下弧作为嘴巴。

7 用黑色巧克力细裱刻画五官表情。

8 用粉红色喷粉喷饰鼻孔和嘴巴，使整个表情更丰富。

第二节

懒猫

制作过程

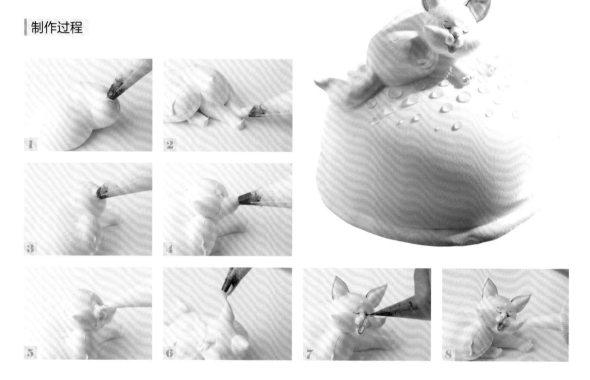

1　用29号动物嘴倾斜45°，略带弧度，挤三个圆球作为身体，由大到小，前胸略翘起。

2　花嘴倾斜45°在臀部的内侧插入，向前上方拉出大腿，在大腿的下方拉出脚掌，然后在前胸的两侧最前方偏下插入挤肘部并延伸出前肢。

3　花嘴倾斜45°插入颈部挤扁圆球表现脸部。

4　在脸部下方从中间向两边，由大到小带尖，略向上翘起，拉出猫的腮部。

5　用奶油细裱在腮的正中间挤两个小圆球，然后再向下方延伸拉出嘴型。

6　用花嘴在头顶两边向上拉出锥形耳朵。

7　用黑色巧克力细裱刻画五官表情。

8　用黄色喷粉喷饰整体，注意明暗表现；用粉色喷粉喷饰嘴部。

第三节

米奇

制作过程

1 用29号动物嘴垂直90°，由大至小，挤出一个圆锥形，作为身体。

2 用29号动物嘴倾斜45°在身体的下方两侧插入制作下肢，注意大腿、小腿、脚掌之分；在身体高度1/3处两侧挤出奶油，制作上肢，肢体的动态可随意表现，只要自然即可。

3 用白色奶油细裱挤出手势。

4 用29号动物嘴倾斜45°，挤圆球作为米老鼠的头部。

5 用白色奶油细裱画出占脸部2/3面积的心形眼眶。

6 用29号动物嘴在脸部的最下方两边，压住心形眼眶的一部分，贴着表面向两边挑出腮，然后在腮的中间插入，由粗到细向前上方拔出鼻子。

7 用白色奶油细裱在头顶两边绕出大耳朵，在心形眼眶里面，鼻子的上方中间挖出一对椭圆形眼睛。

8 用黑色巧克力细裱刻画脸部表情。

第四节

✤

小驴儿

制作过程

1 用29号动物嘴倾斜45°向上挤出圆球，在向前上方45°角方向延伸制作前胸和颈部，整体要饱满。

2 在臀部的两侧插入花嘴，向前上方、向下、再向前表现后腿，再插入身体长度的1/3的两侧挤肘部，再向前下方延伸制作前肢。

3 花嘴呈45°斜角插入颈部内制作水滴形头部。

4 用白色奶油，花嘴呈45°斜角在头部前端挤扁圆球作为嘴巴。

5 用奶油细裱在嘴巴的上方两侧挤两个小球作为嘴角，在嘴巴上方中间部分，间距4毫米制作倒八形鼻孔。

6 在脸部的两边偏上方，用奶油细裱挖出一对椭圆形眼睛。

7 用灰色奶油细裱在身体的后方中间部位，由下到上延伸至
  头顶拔出颈毛和发型，毛发要乱中有序。

8 用黑色巧克力细裱刻画五官表情。

第五节

✛

熊猫

制作过程

1 用29号动物嘴垂直挤出圆锥形身体，要饱满。

2 用灰色奶油插入身体前下方的两侧，先向上、再前下、向前挤出奶油制作下肢。再插入身体上方1/3处，在两侧带弧度向前延伸制作上肢，肢体动作要自然。

3 花嘴倾斜45°斜角挤扁圆球作为头部。

  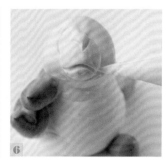

4 用奶油细裱在头部下方两边吹腮，要饱满。

5 花嘴倾斜45°，在头部中间偏下位置挤圆球作为嘴巴。

6 将奶油细裱插入头顶中间部分，向前延伸至嘴部，不要突出，制作鼻头，并用细裱画出倒八形鼻孔和上弧嘴型。用灰色奶油制作出两个耳朵。

7 用黑色巧克力细裱刻画嘴部形状，线条要细。

8 用黑色巧克力细裱涂眼圈，呈倒八形，单个眼圈上小下
大。用白色奶油挤出眼球，再用黑色巧克力细裱挤出眼珠。

CHAPTER 06

第六章

仿真蛋糕

第一节

✤

海绵宝宝

准备

1 将奶油打至干性，表面有光泽度，连桶一起放进装冰水的大盆中，盖上湿毛巾备用。

2 裹细裱：裹一只白色奶油细裱、一只黄色奶油细裱，另外需要黑色果膏和蓝色果膏细裱各一只。

3 调色：取1/2打好的白色奶油加黄色色素，调成黄色奶油备用。

制作过程

1 使用锯齿刀将烤好并晾凉的戚风蛋糕坯的不规整边缘切掉，取一个四边都是规整的长方形（图示蛋糕坯的尺寸为：长16厘米、宽13.5厘米、高4.7厘米）。将两块大小相同的蛋糕坯叠加在一起（中间用奶油粘连），高度约为9.4厘米。

2 在使用奶油前，将奶油搅一搅，将修好的蛋糕坯放在转盘中心，将裸坯包上黄色奶油，并用抹刀将蛋糕面抹平滑。

3 使用刮片，将整体的面修平滑（角度约为15°），表面没有接缝和裂痕。

4 使用细裱，在长边的1/4处，用牙签画出分割线，大致分出海绵宝宝的身体和脸部，用白色奶油细裱描出分割线。使用细裱，在分割线与底边的1/2处（即长边的1/8处），用以上的方式划出海绵宝宝头部和裤子分割线。

5 取一只裱花袋，装入裱花嘴和1/3白色奶油，在离顶端约1/8的中心位置挤出两个眼睛圆球。

6 使用毛笔，沾少许水（多余的水用手挤掉），将脸部圆球（眼睛）刷圆滑，注意每刷一下，需用手清理一次毛笔上的奶油。

7 在眼睛下端交界处，使用没有装裱花嘴的黄色奶油裱花袋，挤出鼻头：先挤一个小圆做鼻梁，然后将大鼻头翘起，翘起的鼻头是有长度的，是一个圆柱形。

8 使用剪好的金丝扣或牙签划出下嘴轮廓，下嘴形状类似收腰的U字形。

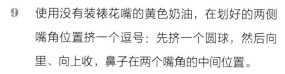

9 使用没有装裱花嘴的黄色奶油，在划好的两侧嘴角位置挤一个逗号：先挤一个圆球，然后向里、向上收，鼻子在两个嘴角的中间位置。

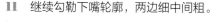

10 使用没有装裱花嘴的黄色奶油，挤出上嘴角线条，需两边细中间粗，连接两侧嘴角。

11 继续勾勒下嘴轮廓，两边细中间粗。

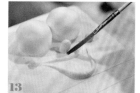

12 使用毛笔毛刷，将两边嘴角刷圆滑。

13 将嘴部奶油的接缝处用毛刷刷平滑。

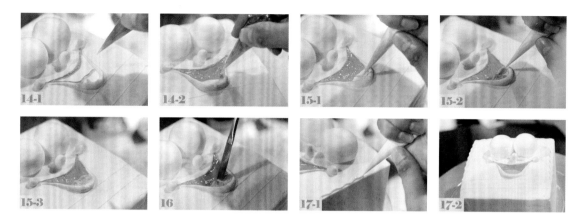

14　将玻璃纸裁成三角形，裹一只粉红色果膏细裱，填充嘴巴里侧，嘴部底端空出约1/3的位置，用于在后期制作舌头。从嘴部内侧用果膏勾勒出嘴部线条，再从外到里填充果膏。

15　同上制作一根粉红色奶油细裱，先在舌头中间画一条竖线，然后画横线填充两边。

16　用毛笔毛刷将舌头两边刷平滑。

17　使用黄色奶油细裱，在脸部边缘挤出一圈匀称的波浪形状，在底部白线处停止。

18　使用白色奶油细裱，将身体1/4处白线叠加一层，边缘处和底部边缘都拉出一根线条，将边缘勾勒出来。

19　使用白色奶油细裱，以均匀的画圈手法，在身体上半部分长方形内挤出细丝。

20　取少许黄色奶油放在小碗中，加少许未打发过的白奶油，用勺子搅拌均匀，调节奶油至适当的稀度，裹入细裱中在脸部画出不规则纹路，先画一个空心圆圈，然后填充，也可以是椭圆形，还可以是别的不规则弧形，但不可以是三角形等有棱角的形状。

21　同上的手法挤出多种形状，零散地布满脸部。

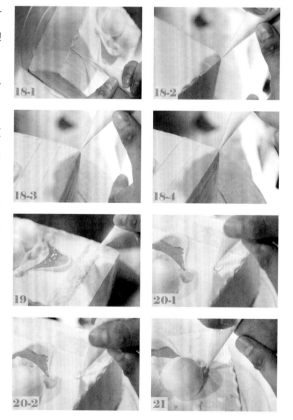

22 同上，裹一个棕色奶油细裱，在身体底端长方形中，挤出细丝。

23 使用黑色细裱，在棕色长方形中间挤实心小长方形，同上，左右再各挤两个。

24 使用白色奶油细裱，在白色长方形中间画出领子，并用白色奶油填充，领子形状是三角形，"八"字方向，向两边偏。

25 同上，制作另外一边领子。

26 使用毛刷，将领子刷圆滑。

27 使用粉红色奶油细裱，在领子中间顶端先挤一个小圆球，在正中间位置再挤两个相同的圆球，将顶部圆球和底部两个圆球用两根线条连接起来。

28 使用粉红色奶油细裱插进2个圆球中间，挤出奶油，往下拔出一个尖，由粗到细。

29 使用毛刷将领结表面刷平滑。

30 使用黑色细裱勾勒出两侧嘴角下端的半圈轮廓线。

31 使用黑色细裱勾勒出上嘴里侧的轮廓线。

32 使用黑色细裱勾勒出下嘴里侧的轮廓线。

33 使用黑色细裱勾勒出舌头中间的分割线。

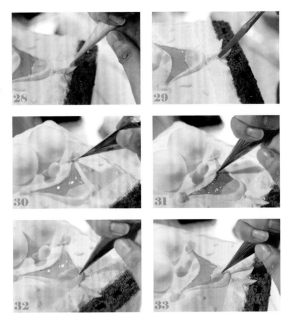

34 使用黑色细裱勾勒出眼球一圈的轮廓线。

35 同上，勾勒出另外一只眼球的轮廓线。

36 在眼球的右下方，使用黑色果膏，勾勒出椭圆形眼球。

37 同上，制作另外一只眼睛的眼球。

38 使用蓝色果膏细裱，叠加眼球黑色轮廓线，加重边缘线。

39 使用黑色细裱，填充蓝色眼眶中心位置。

40 同上，制作另外一只眼球。

41 使用白色奶油细裱，在黑色眼珠上点上高光。

42 使用黑色细裱勾勒出领结的外圈轮廓。

43 使用黑色细裱勾勒出两侧领子的外圈轮廓。

44 将金丝扣中间的铁丝取出，当作睫毛，取6根（可以用巧克力线条代替）。

45 每个眼球顶端插3根。

46　使用白色奶油细裱，在上嘴唇的中间位置画两个正方形，并用白色奶油填充，当作牙齿，两
　　个牙齿之间是有间隙的。

47　使用黑色细裱，将牙齿的外轮廓勾勒出来。

48　使用白色奶油细裱，在蛋糕的侧边挤出细丝。

✤ 小贴士
　 NOTE

1　每次使用前，将奶油搅一搅，这是为了将边缘已经干掉的奶油和中间的奶油混合均匀，使用时要细腻一些。

2　勾勒的线条要细。

3　在表面用毛刷刷平整的时候，毛刷要先蘸水，多余的水用手挤掉，不然水分会留在奶油上，造成图像模糊。

4　线条一定要细，剪口要小，以转圈的手法去吐丝，尽量避免丝堆在一起，要挤得均匀一些。

5　侧边要细丝，所以在用刮片修平面的时候，表面一定要光滑，避免出现接缝和裂痕。

6　夏天的奶油要放在冰桶里，盖上湿毛巾，可以延长奶油的保质期。

7　奶油使用前要搅一搅，使奶油更加均匀细腻。

第二节

✤

兔子

制作过程

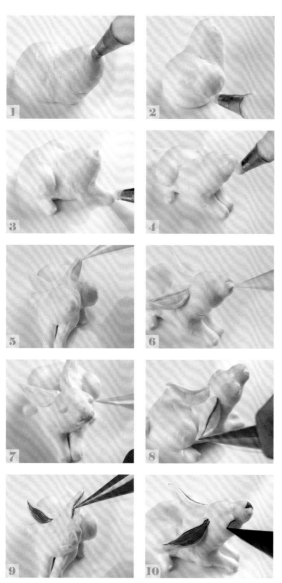

1　将花嘴倾斜由粗到细挤出兔子身体。

2　从臀部两侧挤出弓起的腿。

3　将花嘴从腿根部挤出脚。

4　花嘴插入脖颈处挤出头部。

5　在臀部正中挤出尾巴，将花嘴插入颈部，倾斜
　　挤出耳朵。

6　用奶油细裱在头部最前端挑出兔子的鼻子和嘴巴。

7　用奶油细裱做出鼻孔、嘴巴，挑出两只眼睛的
　　眉骨。

8　用大红色奶油细裱挤线条状，表现出右耳内侧。

9　用同样的方法表现出左耳朵。

10　用黑色巧克力细裱挤出脚掌、耳朵、鼻子、眼
　　 睛的轮廓。

第三节

✛

狐狸

制作过程

1 将动物裱花嘴轻贴在
蛋糕表面，倾斜挤出
狐狸身体。

2 在胸部插入动物花嘴
向外平拉出由粗到细
的右前腿。

3 以同样的制作方法，在
左胸处拉挤出左前腿。

4 在臀部"细粗细"地
弯曲挤出尾巴，尾巴
长度与身长差不多。

5 尾巴收尾时要带出向
上的尖，显出生动
之气。

6 在脖颈处插入花嘴挤
出头部圆球和嘴巴。

7 在脸的下方两侧向外
吹球挤出腮。

8 在头部圆球的后面两
侧挤出倒八字形耳
朵，用奶油细裱在额
头中间下拉做出鼻梁。

9 用细裱袋压出鼻头的
线条。

10 用细裱袋压出嘴角
线条，使得面部更
仿真、立体感强。

11 用奶油细裱在鼻梁两
侧挑出眉骨和眼眶。

12 用粉红色细裱做出倒
三角形的鼻翼，再用
黑色巧克力细裱挤出
五官和脚趾。

第四节

✤

龙

制作过程

1 分别抹一个8寸、6寸蛋糕面将它们叠放在一起。

2 用动物裱花嘴轻贴在表面，勾勒出龙体曲线。

3 用动物嘴沿着之前的曲线挤出龙的身体。

4 用毛笔蘸点水，将身体刷出圆润光滑的效果。

5 用动物花嘴在头部做出龙嘴，用毛笔刷光滑。

6 用动物嘴顺着龙嘴形的曲线勾出轮廓，加强立体效果。

7 在嘴的正上方用动物花嘴由细到粗挤出鼻梁，在额头上挤出两个圆球，在两只眼睛中间挤出寿额。

8 用小号直花嘴在龙的胸部做出腹纹。

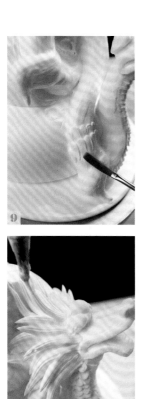

9 先挤小圆球再用毛笔压扁作为龙鳞片。

10 用小号圆锯齿嘴拔出鬃毛。

11 拔毛时，第一层长、第二层短，每一单层中间长、两边短。

12 用喷枪沿背部中心线喷上黄色，再喷上大红色，中间深、两侧浅。

13 用白色奶油细裱出龙嘴、龙牙和龙眼。

14 用巧克力棒作为龙角的支撑，在上面挤上咖啡色奶油，并在两只眼睛的后侧方挤出两只龙角。

15 用黄色奶油在鼻孔两侧做出两根"细粗细"曲线的鼻须，在眼睛上方做出眉毛，再用黑色巧克力细裱出眼神，在嘴里涂上黑色果膏。

16 一条生动的龙完成了。

✤

狮子

制作过程

1 将动物裱花嘴轻贴在蛋糕表面，先挤出中间肚子的圆球，再从球的两端分别挤出两个球体。

2 将花嘴倾斜插入臀部左侧，由粗到细挤出左大腿、小腿和脚，注意腿关节的表现。

3 以同样的手法，将花嘴倾斜插入狮子臀部右侧，由粗到细挤出狮子的右腿，表现出它腿部向后蹬的姿势。

4 将花嘴插入狮子的脖颈部左侧，向前轻贴蛋糕表面，由粗到细挤出左前腿。

5 将花嘴插入颈部右侧，向后、向下倾斜，由粗到细挤出支撑身体的右前腿。

6 将花嘴倾斜插入颈部，略向右倾斜、向上挤出头部圆球。

7 顺势向前拉伸挤出狮子的脸部，不要太尖。

8 用白色奶油在脸部下方先挤下嘴巴的球，再挤出上嘴巴两个球。

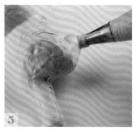

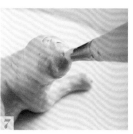

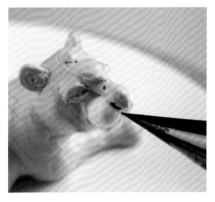

9 用白色奶油在中间处挤出鼻子，再用咖啡色奶油挤出耳朵。

10 用黑色巧克力细裱出鼻尖。

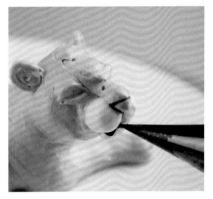

11 用黑色巧克力细裱出嘴巴线条。

12 用黑色巧克力细裱出五官和腮点。

13 用细裱袋装入咖啡色奶油在头部和脖颈由粗到细挤出颈毛。

14 在挤颈毛时，第二圈在第一圈的上方，第二圈要略短于第一圈，两圈颈毛位置要交错开来，更有层次感。

第六节

�֎

雪熊

制作过程

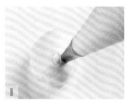 

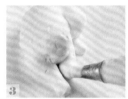 

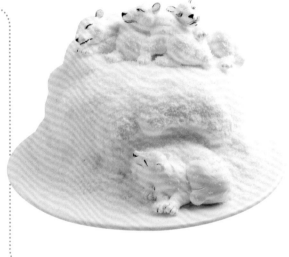

1　将动物嘴倾斜轻贴在蛋糕表面，挤出身体圆球。

2　在身体圆球上方顺势挤出脖颈，不要太尖。

3　在臀部的左侧将花嘴插入挤出弓形的后腿，
　　在胸部两侧由粗到细挤出前腿。

4　在臀部中间挤出短小的尾巴，再将花嘴插入
　　颈部，挤出头部圆球。

5　顺势挤出稍长形的脸部。

6　将花嘴插入脸部两侧，挤吹出腮部。

7　用白色奶油细裱，在头部圆球后侧两边挤出
　　圆形的耳朵，从额头处挤向嘴巴，做出略长
　　于嘴的鼻梁，在鼻梁下方做出嘴巴。

8　在腮部上方、鼻梁两侧挑出眼眶。

9　用白色奶油细裱在前后腿上挤出脚趾。

10　用黑色巧克力细裱出五官。

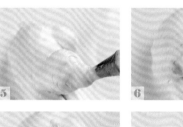

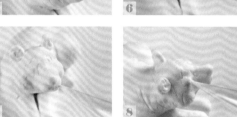

第七节

✤

火鸡

准备

1　将奶油打发至中性，7~8分发。

2　调色：调橙色奶油备用。

3　裹细裱：裹一只黑色果膏细裱备用。

4　调制镜面果膏：镜面果膏加红色，可以加少许黑色调深，装入裱花带备用。

制作过程

1　将蛋糕坯裁成上宽下窄的坡形，宽的地方高，窄的地方矮。

2　使用装有圆形花嘴的橙色奶油，将蛋糕坯包裹上奶油，并使用刮片将表面刮平滑。

3　在尾端两侧，先定好腿的位置，然后顺着身体的轮廓挤扁圆（椭圆）形大腿，并从大腿正前方的底端向后带出细长的小腿，结束时，停顿一下挤出一个小圆球，作为脚掌。

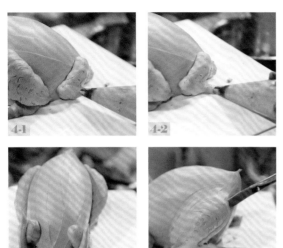

4 手掌是在身体的前端两侧，向后带出扁圆形手臂，再往前带出与手臂相同的手肘，最后往上带，收口在手臂的起点位置。

5 使用毛刷刷一下四肢接口处，使奶油过渡的自然一些，不会有明显的接缝和裂痕。

6 使用装有裱花嘴的橙色奶油，在尾端翘起的位置先挤一个圆球，然后带出一个尖作为尾巴。

7 再将花嘴贴在头部位置，先挤出一个圆球，然后贴着身子往上带，挤出脖颈，然后朝着正前方，在脖颈处挤出一个头部圆球，使用毛刷将头部刷平滑。

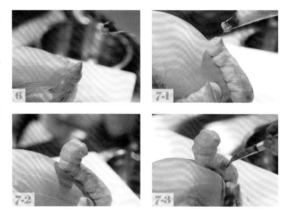

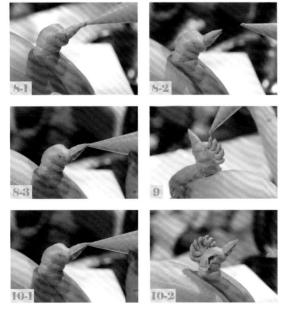

8 使用没有装花嘴的橙色奶油裱花袋，在头圆球中心偏下位置，先挤出奶油然后向前拔尖，同上根部贴在一起，底部再做一个比较小的下嘴，并在嘴部两侧用线条勾勒出轮廓。

9 将没有装花嘴的橙色奶油裱花袋插入头顶正中心的底端处，挤出奶油，往外挤，最后往上翘，从后往前，鸡冠越来越大，制作7个左右。

10 同样使用没有装花嘴的橙色奶油裱花袋，在头部圆球两侧挖出眼眶，眼眶的形状是倒V字，看上去有微笑的感觉。

11　使用火枪，对表面的奶油进行加热，增加表面光泽度。

12　使用喷枪，对表面的奶油先喷一层红色，再局部喷黑色。

13　使用黑色果膏，在眼眶内，填充进黑色眼球，并在嘴部两侧拉出分割线。

14　在烤鸡周围淋上红色果膏，当作酱汁。

15　使用黑色果膏在底板空白处写上"生日快乐"或者其他祝福语。

✱ 小贴士
NOTE

1　在夏天的时候，需要将打好的奶油隔水放在冰桶中，表面盖上湿布，降低奶油的温度，但不可以滴水，奶油遇水会分离。

2　在使用奶油前，要用抹刀搅一搅，将奶油均匀混合。

3　裱花袋中不要装入过多的奶油，长时间的与手心接触，会让奶油融化。使用时间长了，可以将袋中的奶油揉一揉，或者挤到桶中，搅一搅，换新奶油使用。

4　火枪不要过度烘烤，奶油会黑掉。

5　因为某些色素也含有水分，所以在喷色时不要开得过大或者离得过近。

6　使用毛刷的时候，需要沾一点水用来湿润。正确的做法是毛刷浸水后，在使用前需要用手挤掉多余的水，否则水与奶油接触时奶油中的油脂会分离。

7　制作过程中，要注意卫生，及时清洁桌面和工具。

8　此成品不好移动，所以可以在蛋糕盒底盘上制作。

第八节

蒸包子

准备

1 将奶油打至中性，呈7~8发。

2 调色：调出浅咖啡色。

制作过程

1 抹一个咖啡色的直面，并用刮片将整体表面刮出纹路。

2 用刮片将侧面分为4等份，并用毛刷刷平滑。

3 用刮片将边缘的奶油往里推大概1厘米（如图），推出来的奶油高约1.5厘米，使用毛刷将凸起的奶油刷平滑。

4 使用装有咖啡色奶油的裱花袋，在内部编出"十"字形纹路。

5 将戚风蛋糕坯两层叠加，使用剪刀，裁剪成圆形，叠加处用奶油粘接。

6 将修剪好的圆形戚风蛋糕坯放入"十字形"纹路表面，再使用圆形花嘴，从蛋糕坯底部向上挤出奶油，并在顶部带出一个尖，挤上一圈，包裹住蛋糕坯，做成小笼包的形状。

7 使用毛刷将接缝处刷平滑。同上方法再制作2个相同的"包子"，挨在一起。

8 用火枪，小火远距离地将蛋糕表面过一遍，增加光泽度。

9 使用镜面果膏，在"包子"上垂直淋上镜面果膏，增加光泽度。

第九节

螃蟹

▍准备

1 将奶油打至中性，呈6~7分发。

2 调色：调出橙色备用。

3 调镜面果膏：镜面果膏加入红色和少许黑色，在裱花
袋中混合均匀备用。

▍制作过程

1 用锯齿刀将蛋糕坯切
成梯形，侧面呈坡面。

2 使用橙色奶油包裹蛋
糕坯，并用刮板将表
面刮平滑，使表面没
有接缝和裂痕。

3 用没有装裱花嘴的橙色
奶油，宽面朝前，在正
前方挤一排小刺，并在
正前方的中心位置向上
推出两只眼睛（推的过
程中不挤出奶油，而是
挖掉多余的奶油）。

4 使用没有装裱花嘴的橙色奶油，插入眼眶中，从里到外带出眼睛，结束时停顿，挤出一个小球作为眼睛。

5 使用没有装裱花嘴的橙色奶油，在身体中心水平线的顶端，向左向右拔出两根刺，根部贴在一起。

6 使用毛刷从背部底端边缘向中间刷，突出正方形背部。

7 使用没有裱花嘴的橙色奶油，从底端向上垂直地挤出两侧的螃蟹腿，腿高出身体约1/2。

8 在两侧腿的正下方先挤一个圆，然后往上挤出圆球和腿部连接，做小腿，并在圆球内侧拔刺。

9　使用没有装裱花嘴的橙色奶油，插入正前方两侧，先挤一个由细到粗的前钳根部，然后再插入前钳的正中间位置，挤出较长的一节。最后向内侧挤出饱满的前钳，顶部带出一个尖，同上在前钳的内侧挤一条细的小钳子。

10　用火枪小火远距离加热奶油表面，增加表面色彩。

11　使用没有装裱花嘴的白色奶油在眼球的正中心点上眼白。

  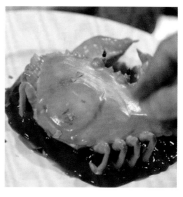

12　在螃蟹底部挤上调制好的镜面果膏，当作"酱汁"。

13　裱花袋中装入适量黑色果膏，在白色眼白中心处点上黑色眼球。

14　在顶端撒上干葱花做装饰。

第十节

加菲猫

工具

中号米托	1个
吸管	1根
白色巧克力	500克
火枪	1个
牙签	1包
裱花毛笔	1套
软刮片	1个
裱花袋	1包
转盘	1个
抹刀	1个
巧克力件	6根

准备

奶油打发至干性，取部分奶油分别调成肉色奶油、黄色奶油、绿色奶油；将透明果膏调成粉红色果膏、黑色果膏；将白巧克力化开备用。

制作过程

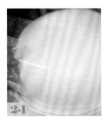

1　使用抹刀和刮片抹出一个圆面。

2　将肉色奶油装入带有动物花嘴的裱花袋中，在圆面的边缘处挤出加菲猫的身体，上小下大，身体重心略向前倾。

3 在底边一侧拉出加菲猫的腿。腿根部较粗，膝盖处向内弯曲，再向外拉出。同样的，在底边的另一侧拉出另外一条腿。

4 从身体处拉出加菲猫的头部，用毛笔轻轻将头部刷出光滑感。

5 将裱花嘴插入头部的前端部位，拉出脸颊和鳃部，用毛刷轻轻地在表面刷出光滑的质感。

6 在身体下半部挤出尾巴，尾巴略带弯曲，用毛刷轻刷表面。

7 用剪刀将米托剪出耳朵形状，表面蘸上融化的白巧克力备用。

8 在加菲猫表面喷上橙色色粉。 9 用白色奶油在加菲猫头部画出白色眼眶，并用火枪在表面
烤出颜色。

10 将备用的"步骤7"插入头部内，并将融化的白巧克力放入裱花袋中，在耳朵上挤出纹
路，再用毛刷带平表面。

11 在耳朵上喷上橙色色粉。 12 在头部眼睛下面用黄色 13 在眼睛中心与胡子相接
奶油挤出胡子，并用毛 处，用橙色奶油点出一
刷带平表面。 个圆点作为鼻头。

14 在头部下端用肉色奶油拉出手臂，并用黄色奶油拉出条形，做成棍子形状，并画出手指拿住棍子。

15 在头部的前端画出一个与头部宽度相等的方形白色框，在方框的左侧用黑色酱汁画出一条宽度约1厘米的长方形条框，并在条框内部用黑色酱料分割出若干的小方格，在每个方格的中心处点上黑色的圆点。

16 用黑色酱料在加菲猫的脸部、身体处画出痕迹，在眼部画出黑色眼珠和黑框，在胡子上点缀上小点。

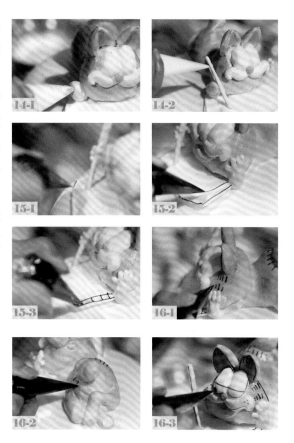

17 用白色奶油在腿部的尾部画出白色脚掌、脚指头，并用黑色细裱拉出轮廓线。

18 在前端白色空白处用黑色细裱画出字体。

19 在加菲猫的周围挤上粉红色色膏。

20 用绿色奶油在蛋糕的坯底的底部周围一圈挤上奶油，做出草的形状。

21 最后用红色果膏在加菲猫的鼻头点缀一下。

第十一节

猫和老鼠

工具	
中号米托	1个
吸管	1根
白色巧克力	适量
火枪	1个
牙签	1包
裱花毛笔	1套
软刮片	1个
裱花袋	1包
转盘	1个
抹刀	1个
巧克力件	6根

准备

打发奶油至干性，取部分奶油分别调成黑色、咖啡色、红色和绿色；将透明果膏调成红色果膏、橙色果膏、黄色果膏；将白巧克力化开备用。

制作过程

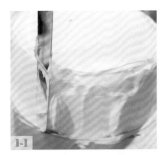
1-1

1-2

2

1 用抹刀抹出一个直面。

2 用红色果膏在蛋糕表面靠近边缘处挤出一圈约1.5厘米宽的果膏圈（红色果膏离蛋糕边缘1.5厘米的宽度）。

3 用橙色果膏紧接着红色果膏的内侧在蛋糕表面挤出一圈近1.5厘米宽的果膏圈；同上，依次使用黄色果膏和透明果膏将内圈填满。

4 用抹刀将表面涂抹均匀，再用巧克力线膏沿着红色果膏外围描出一条细线。

5 用白色奶油在黄色果膏圈的左侧挤出一个椭圆形。根据蛋糕大小的比例问题，可以再使用白色奶油沿着椭圆形奶油的表面顺着弧度挤出弧线，使得汤姆的头部与蛋糕比例和谐。

6 用黑色奶油在椭圆形奶油表面再加上一层，用软刮片将其表面涂抹光滑。

7 用黑色奶油在其两侧拔出两个尖，作为汤姆两边的腮帮胡。

8 用牙签在汤姆脸部标记出眼睛、鼻子和嘴巴的大致位置。

9 用装有动物花嘴的白色奶油在标记眼睛的下方位置挤出两个圆球，作为上嘴唇。再用花嘴将圆球向两侧挤拉，形成水滴形。用裱花嘴在白色嘴巴下方做出嘴巴。

10 用毛笔的尾端将汤姆的眼睛挖深些。

11 用黑色奶油在眼睛外围挤上眼眶。

12 用黑色奶油在嘴巴两边挤上两个圆球，再从圆球边依次向两端挤细线条。

13 用白色奶油从汤姆的额头向下挤由粗到细挤出三根奶油作为眼睛中间的白色毛发，用白色奶油在上嘴巴之间挤出一个小圆球，作为汤姆的鼻子。

14 用黑色奶油在眼睛两侧挤上一层，完善脑袋与五官的比例。

15 用毛笔刷将汤姆猫的脸部刷光滑。

16 用装有裱花嘴的白色奶油在眼眶里挤上眼白，再用毛刷将眼白和脸部白色毛发刷光滑。

17 使用火枪将脸部整体烧光亮。

18 将米托剪成两半，用毛刷给米托刷上一层白色巧克力，将米托凹槽一面朝前，插在头部的两侧，作为猫的耳朵。用黑色奶油给米托表面外围挤上一层，用毛刷将表面刷光滑。

19 在汤姆右后方橙色果膏上插入一节吸管，将装有花嘴的咖啡色奶油裱花嘴套在吸管上由下向上拔出一个水滴形，作为老鼠的身体。在身体下方两侧挤出老鼠的腿和脚。在身体尖部两侧挤出老鼠的胳膊。

20 用手指在管子后面挡着，用咖啡色奶油从前面向后挤出一个圆球，作为杰瑞的脑袋。

21 用咖啡色奶油插进头部奶油两侧挤出老鼠的腮帮子，用白色奶油在腮帮子中间挤上两个圆球作为老鼠的上嘴巴，在上嘴巴正上方使用白色奶油挤出老鼠的眼睛，用咖啡色奶油在脑袋两侧以画半圆手法挤出老鼠的耳朵。

22 在老鼠脚上挤出三根脚趾。

23 用巧克力线膏在老鼠嘴巴中间挤出老鼠的鼻子。用红色奶油在猫和老鼠的耳朵里填充一层肉垫，用裱花袋尖掏出老鼠的嘴巴，用咖啡色奶油勾勒出嘴巴的轮廓。

24 用巧克力线膏给汤姆的五官勾勒出黑色轮廓，绿色奶油在汤姆的眼白上挤出眼珠，再用毛刷将绿色眼球刷光滑，巧克力线膏勾勒出眼珠、耳朵的外框，白色奶油在眼珠上点出两点高光。

25 用红色奶油在汤姆的嘴巴里拔出汤姆的舌头。

26 用咖啡色奶油在猫耳朵中拔出几根小细条，作为耳朵的毛发。

27 用巧克力线膏给老鼠的五官勾勒出轮廓，用白色奶油在老鼠身体前面挤出近似椭圆形的形状，作为老鼠的白色肚皮，用毛刷将白色肚皮刷光滑，再用巧克力线膏勾勒出肚皮的外框。

28 用红色奶油在蛋糕侧面挤上英文字母进行装饰，用白色奶油勾勒出中心线。

29 将白巧克力丝配件插在汤姆猫嘴巴两边作为汤姆的胡须。

✳ 小贴士
   NOTE

1 当汤姆或杰瑞的五官比例不对称时，可使用奶油在上面再叠加一层。

2 使用毛刷刷奶油表面时，要顺着挤的方向刷。

3 可以将吸管等支撑柱换成巧克力件，以便于食用。

第十二节

小汽车

准备

▍淋面（白色）

材料

淡奶油	100克
纯可可脂白巧克力	80克
吉利丁片	3克（用15克冰水浸泡变软）
镜面果胶	80克

▍制作过程

1. 将淡奶油加热煮沸，关火。加入浸泡变软的吉利丁片，搅拌至完全融化。
2. 倒入白巧克力中，用均质机搅拌均匀。
3. 将镜面果胶稍稍加热至能自然流动。
4. 将"步骤2"与"步骤3"混合均匀。

▍贴皮

材料

淋面（白色）	100克
吉利丁片	5克（用25克冷水浸泡变软）
色素	适量

▍制作过程

在淋面（白色）中加入融化的吉利丁片、适量的色素，混合均匀后，抹在胶片纸上，厚度2~3毫米，待凝固后使用。

> **红色淋面**
>
> **1** 在"淋面（白色）"中加入适量的红色色素，混合均匀后，待不烫时使用。
>
> **2** 将奶油打至干性，取少许奶油调制绿色备用。
>
> **3** 将黑巧克力融化好，倒入轮胎硅胶膜，放冷冻，制作成车轮备用。

制作过程

 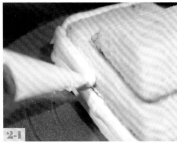 

1 将蛋糕坯切出两块长方形和一块梯形。用奶油将三块蛋糕坯贴合在一起。

2 用裱花袋装入白色奶油，在蛋糕坯表面挤上一层白色奶油，用抹刀将其表面抹匀。

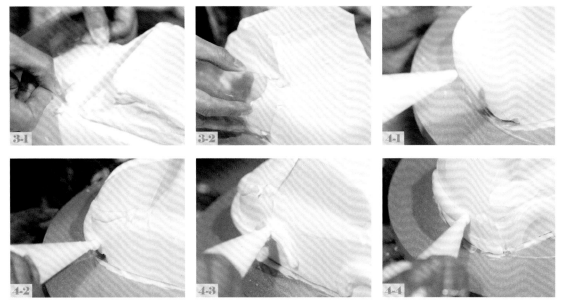

3 再用软刮片将其表面抹光滑，侧面抹成圆弧，表面光滑。

4 用白色奶油在车的前端部分挤上两个汽车大灯、前后防护栏以及车前盖的轮廓，在车子侧面挤上四个轮胎的轮廓。

5 用毛笔刷将车轮廓与 6 将红色淋面装于裱花 7 用锯齿刀切一块厚1厘米的小长方形放置在蛋糕底
表面接口刷光滑。 袋中，淋在车表面。 板上，在小长方形四周和表面挤上少许奶油，再
用抹刀将小汽车挑在上面，抬高汽车蛋糕的高度。

8 用笔在纸上画出小车的车窗，将纸剪下放在贴皮上，用美工刀切出两个车窗 9 将用巧克力制作好的
大小的贴皮，将贴皮贴在车的对应车窗位置。以同样的方法在纸上画出梯形 车轮放在小汽车的车
车前风玻璃、车大灯、车牌、车后灯以及车转向灯，将切好的同等大小的黑 轮廓下方。
色贴皮贴在小汽车上。

10 切两个小长方形贴 11 用白色奶油在车窗和 12 将转向灯外围画上
在车窗前端，作为 所有贴皮挤上外轮 白色外框。
车的反光镜。 廓，用白色奶油在前
风窗画出雨刮器。

13 用白色奶油在车前杠上画出网格。

14 取小块蓝色贴皮贴在车前杠上，用白色奶油在蓝色贴皮上画出车牌号。

15 在贴片上切一个蓝色小圆片，贴至两个大灯中间，用白色奶油在蓝色小圆片上画出奔驰车标。

16 用装入小草花嘴的绿色奶油在小汽车周围拔出小草作为装饰。

 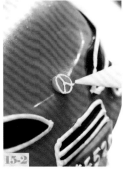 

小贴士
NOTE

1 小汽车的淋面可随着自己喜好进行调色。

2 贴皮做好可保存很久，所以贴皮可以提前一天做好放冰箱保存。

3 小车的形态可随自己喜好改变。

第十三节

✤

长寿面

┃准备

1 将奶油打至中性，呈7~8分发。

2 奶油调色：橙红色（橙色加红色）、橙色、绿色、蓝色，备用。

┃制作过程

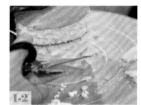

1 选择一个蛋糕坯，用水杯或圈模在上面比划出碗的大小，用锯齿刀分割出三块，将三块叠加，再用剪刀和锯齿刀将碗整体修剪成上大下小（最顶部的圆形坯底不动）。

2 用装有中号圆花嘴的白色奶油裱花袋，将蛋糕坯整体裹上奶油，并在顶部沿着当前轮廓再加高两圈，增加整个碗体的高度。

3 用刮片将整体表面刮平滑，使蛋糕整体没有接缝和裂痕。

4 用平口梯形刮片在蛋糕顶部离边缘约0.5厘米的位置，划出一圈分割线，作为碗边缘的厚度，并以分割线为基础向内将内部奶油挖出，做出碗内侧的深度，用三角刮片将碗内侧表面刮平滑。

5 用没有装花嘴的白色奶油在碗中挤出不规则的细丝。

6 用装有中号花嘴的白色奶油，在碗中左侧先挤出蛋白的基本形状，呈不规则的五瓣花形状。然后用毛刷将表面刷圆滑，再使用火枪小火远距离加热，增加表面光泽度。在蛋白的中心位置挤上橙色奶油圆球作为蛋黄，并用火枪加热，增加表面光泽。

7 用装有小号圆形花嘴的白色奶油在右上角挤白菜：先挤两个长水滴，然后再覆盖两个长水滴作为白菜梗，宽头朝上。

8 将米托剪开，一个米托剪成6份，再使用120号花嘴装1/3绿色奶油，在米托上挤出叶子，由下向上再往回收，边移动、边抖动，将做好的叶子用剪刀插在白菜梗细头处，同理制作出3片。

9 用没有装花嘴的白色奶油从叶子和梗的交界处往上走，做叶脉，并在粗跟底部中心位置画一个小圈。

10 用装有中号裱花嘴的橙红色奶油在白菜根部均匀地带出一根圆柱体，长度自定，作为烤肠。

用剪刀在烤肠正上方切出"刀切"的痕迹，并用火枪加热，增加其光泽度。

11 在蛋糕表面点上一些镜面果膏，增加亮度。

✿ 小贴士
NOTE

1 裱花袋中的不要装入过多的奶油，长时间与手心接触会让奶油融化，使用时间长了，可以将袋中的奶油揉一揉，或者挤到桶中搅一搅，换新奶油使用。

2 不要过度使用火枪烘烤奶油，奶油会变黑。

3 制作过程中，要注意卫生，及时清洁桌面和工具。

4 橙色奶油不要调匀，带点白色，增加真实感。

5 碗形的抹制涉及陶艺蛋糕的制作手法，可参考陶艺蛋糕制作。

第七章

✦

蛋糕设计

第一节

成为蛋糕设计师的必修课

蛋糕设计师必知的六大设计元素

本节是蛋糕设计师的入门内容。基本功掌握之后，就可以根据储备的技术和知识来设计美食。

设计师是能明确需求且能将需求转化成产品的人。作品是展现给人看的，可爱的孩子、商务人士、优雅的女性、庄严的圣典，根据受众群体不同，设计的目的和方向也会产生很大的变化。面对不同群体，究竟该怎么设计才能震撼人心呢？"设计"并不是"为了好看而徒有其表"，而是带有目的性，为了达到这个目的而有针对性地修饰、精细化加工以臻美观。目的不同表现手法也不同，只有在确定了主题后，设计才真正开始。

蛋糕主题的设定与六大元素有关：风格、构图、形状、配色、质地、口味。

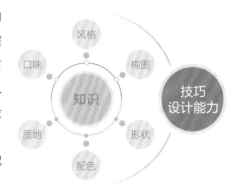

如何运用六大元素呢？我们举一个例子来说明设计的逻辑：

一个女儿想给40岁的妈妈定购一个生日蛋糕，此时我们作为设计师可与客户沟通好以下的基本内容：

设计思路的整理

设计用途：40岁母亲生日

设计目标：女儿祝福妈妈青春永驻

对象特点：喜欢旅游、美食摄影

喜欢颜色：紫、驼色、蓝色、白色、金色

口味喜好：酸甜各半

工作性质：公务员

特别喜欢的时尚品牌：香奈儿（符号）

特别喜欢的水果：草莓、芒果

特别喜欢的花卉：百合、蝴蝶兰

几人享用：5人

蛋糕类型：慕斯、淡奶油水果、翻糖、巧克力（取决于预算）

1 设计开始前的关键词笔记

公务员	淋面巧克力	稳重严肃
知性干练	优越感	时尚拉糖元素
紫色、白色	方形现代感	蝴蝶结
草莓	蓝莓	酸甜
形状	波点、条纹	小香风

2 决定好概念

整合好关键词统一概念，开始把设计思路写在纸上。

有了这些关键词就能知道设计蛋糕时配色、选材、内形与外形元素、构图关系、口味搭配等，这些内容将决定设计蛋糕的风格，把这一风格用概念化的语言说出来，这样可以帮助你从迷茫中快速找到灵感。

3 探索方案

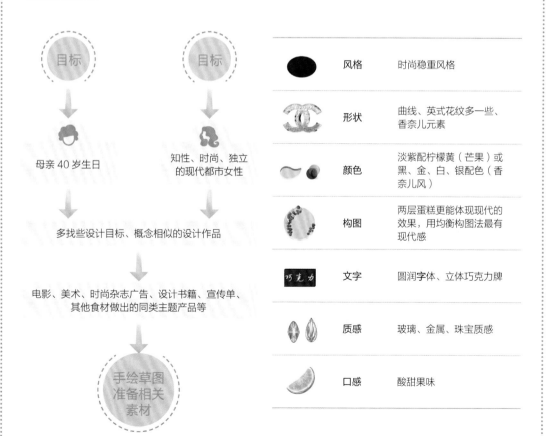

在自己创意的基础上，多参考一些优秀设计作品，让目标和概念更加清晰。继续分析这个目标的实现路径。

目标 → 母亲40岁生日

目标 → 知性、时尚、独立的现代都市女性

↓

多找些设计目标、概念相似的设计作品

↓

电影、美术、时尚杂志广告、设计书籍、宣传单、其他食材做出的同类主题产品等

↓

手绘草图准备相关素材

	风格	时尚稳重风格
	形状	曲线、英式花纹多一些、香奈儿元素
	颜色	淡紫配柠檬黄（芒果）或黑、金、白、银配色（香奈儿风）
	构图	两层蛋糕更能体现现代的效果，用均衡构图法最有现代感
	文字	圆润字体、立体巧克力牌
	质感	玻璃、金属、珠宝质感
	口感	酸甜果味

4 用设计师的视角对比作品

既然决定好了方向，就要再多找些类似的主题作品来参考。把自己的作品与专业设计师的作品作对比，找出专业设计师会在什么地方下功夫，用设计师的视角去对比，往往会发现细节上的处理技巧，把观察到的要点记录下来，融入自己的作品中，然后再去对比，就能明显看到自己作品的质量提升了。

5 检验作品

作品完成后如何检查设计是否有需要改进的地方？简单有效的方法是把作品拍成照片，打印出来可以看到许多不足之处，因为大部分人对自己设计的作品都认为是完美的，而相机的视角不会，拍照角度以45°（人眼看物体的最佳角度）效果最好。

成果展示

⊛ 小贴士
  NOTE

让设计能力提升得更快

如果想让自己更快地提升设计能力，可以让自己长时间处于有比较对象的环境中，特别是专业的技能培训班，老师既有参赛获奖经历也有授课研发的经历。在这样的环境中能激发出很多灵感，同时也能找到专家帮你解决技术的难题，学员们间的交流也是很好的灵感收集来源。

在培训班，老师会把许多学员的作品放在一起，自己就能一眼看出与别人的差距。

什么是优秀的设计

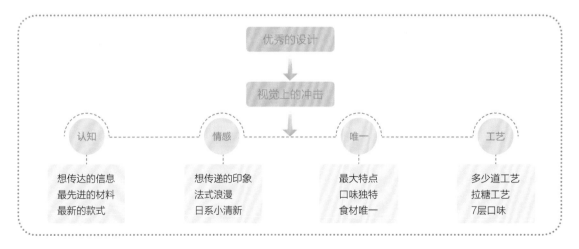

优秀的设计
↓
视觉上的冲击
↓

认知	情感	唯一	工艺
想传达的信息 最先进的材料 最新的款式	想传递的印象 法式浪漫 日系小清新	最大特点 口味独特 食材唯一	多少道工艺 拉糖工艺 7层口味

第二节

蛋糕设计基础知识

常用设计用语

1 设计尺寸

需要非常熟悉地背诵下蛋糕的尺寸对应的数据。

蛋糕尺寸	蛋糕的直径	可享用人数
6	15厘米（约1磅）	2~4人
8	20厘米（约2磅）	4~6人
10	25厘米（约3磅）	6~10人
12	30厘米（约4磅）	10~12人
14	35厘米（约5磅）	12~14人
16	40厘米（约6磅）	14~16人
18	45厘米（约7磅）	16~18人
20	50厘米（约8磅）	18~20人

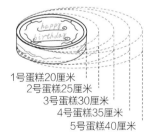

1号蛋糕20厘米
2号蛋糕25厘米
3号蛋糕30厘米
4号蛋糕35厘米
5号蛋糕40厘米

10寸以上蛋糕切成"#"字形

8寸以下蛋糕切成"米"字形

尺寸对照表			
型号	尺寸	圆形（直径）	建议食用人数
1	8寸	20厘米	3~5人
2	10寸	25厘米	5~8人
3	12寸	30厘米	8~10人
4	14寸	35厘米	10~15人
5	16寸	40厘米	15~20人

注： ★蛋糕尺寸均为圆形直径尺寸。

　　★请根据食用人数决定订购尺寸，以一次性食用完毕为佳。

　　★免费附赠餐具1份，生日帽子1个，线蜡烛1套或数字蜡烛（如需数字蜡烛，请告诉客人数字）。

2　蛋糕装饰的缩进线

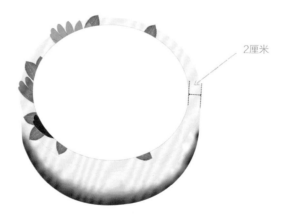

2厘米

3　什么是装饰元素?

　　设计作品中的所有东西都可细分为元素，一个水果、几片巧克力件、字体、手绘图案、裱出的花型、撒在面上的糖粉、蛋糕坯的形状等这些都称为元素。这些元素概况下来就是由点线面体组合而成的图形，我们明白这些图形的分类及分别代表什么含义（作用），即可知道什么样的主题配什么样的图形。

▌图形分类 ────────────────────────────

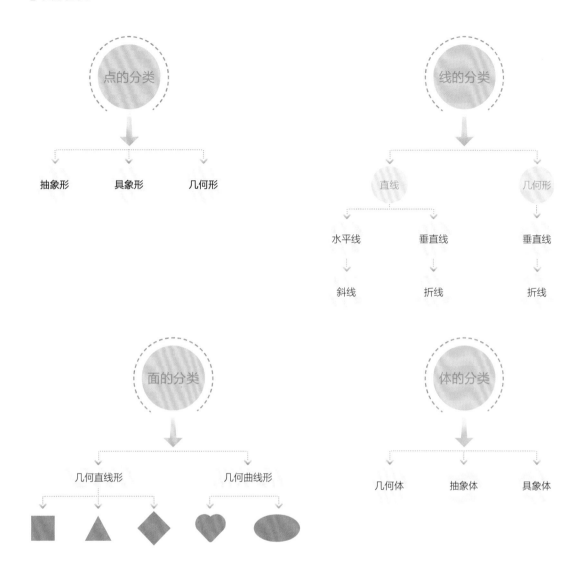

▌图形代表的不同意义 ────────────────────────────

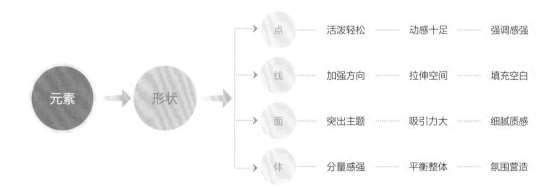

面式巧克力件排队构图，纵向拉伸空间感，条纹的　　曲面式巧克力件在中间构图给人强烈的空间感。
肌理让蛋糕横向空间得到了延伸。

大小不一的点随意点缀，给人活泼灵动感。

长线条可以起到大面积填补空白的作用，直线给人感觉严肃向上，曲线给人感觉柔和。

点围成圆的对称构图，最容易操作的构图，也最实惠。

线多了就会形成体的感觉，现代感、艺术感强。

C形排列的巧克力片，蛋糕整体有向外向上扩张的力量感。

4 什么是协调?

协调是指形与形之间摆放的顺序、大小、高矮、质感、颜色搭配等相互的匹配关系，很多人构思很好，但是一上手操作不知道第一步从哪开始，此时的你只要明白这五个规律，就能轻松面对各种构图。

（1）动作路径：先确定缩进线，从左向右摆放，从后向前构图，从高向低，从面元素开始插入蛋糕，从质感重的颜色开始。

（2）比例关系：面式与点式配件多使用，可以在表现手法上多些变化，点式配件作为最小元素使用时要注意最小与最大元素的比例关系。

（3）突出主题：多在字体上下功夫，这具有强调、引导主题的作用。

（4）多用对比手法：作品是否直观，是人在看了作品后想不想继续看的关键。颜色、尺寸的组合是衬托对比常用的手法。

（5）串联不相关的A和B：把原本相关的元素结合在一起，过于平淡无奇。比如"蓝色的天空"、"奔跑的小狗"、"甜的草莓"可以混搭为"奔跑的草莓"、"蓝色的小狗"、"甜的天空"，这样看似不相关的两者放在一起就很容易引起人们的兴趣。

动作路径

比例关系

突出主题：与其直接写在蛋糕上，不如把字写在有设计感的巧克力片上，更容易突出主题。

对比手法：同样是圆形的配件通过颜色、大小的改变产生强烈对比。

串联A和B：棉花糖做的天空"甜的天空"。

串联：通常是奶油挤出来羽毛，变成棉花糖贴上去的羽毛更有真实感。

字体的基础知识

　　文字是连接设计师与客户的桥梁，是一种交流工具。把这种工具用在蛋糕装饰上就必须知道各类字体的书写规律。

　　楷体：信赖感、安心感、稳重，横粗竖细、方方正正，很适合中国人的审美。

　　艺术体：亲切、温柔，有粗细变化，可曲可直，字体较有动感，适合年轻人。

　　印刷体：可读性、可视性较高，横竖线条粗细均匀，人眼比较容易识别。

字体在蛋糕中突出主题的作用

楷体　　　　　　　　　　　艺术体

✳ 小贴士
　　NOTE

在制作设计阶段，随时都要有意识地思考"这个字体"跟"我的设计"之间的关系，并收集记录、整理归档。字体的颜色也是可以起到渲染气氛的作用，不要忽略。

颜色基础知识

　　作为一名合格的设计师，必要的色彩知识一定要懂。

1. 色相=颜色

　　表现颜色离不开三原色，所有颜色都是由这三种颜色混色而成的。在食品配色中三原色的红包括两种红：大红、粉红。

三原色：红、黄、蓝

2. 明度=色差的亮度

明度越高越接近白色，明度越低越接近黑色。明度是通过白、黑调节的。

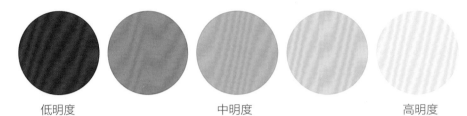

低明度　　　　　　中明度　　　　　　高明度

3. 彩度=色彩的鲜艳程度

彩度越高，颜色越鲜艳；彩度越低，颜色越显苍白。

纯度高　　明度高

4. 二次色

三原色中两两1：1混合所得颜色为二次色。

红+蓝=紫　　　　　　　黄+红=橙　　　　　　　黄+蓝=绿

5. 常用配色法

粉与蓝　　　　　　　　　红与绿　　　　　　　　　蓝与紫

渐变色　　　　　　　　　绿与橙　　　　　　　　　黑与红

6. 颜色给人的印象

当我们看到色彩时，心理会与之产生共鸣。比如，紫色给人的感觉是高贵、神秘，蓝色代表冷静、理性，粉色代表可爱、浪漫，黑色代表沉稳、庄严，我们把这些色彩的感觉用一张图表做了总结与分类，大家在配色时可以参考。

使用方法为：根据"春夏秋冬"为季节配色，根据"男性、女性、儿童、老人"为年龄配色，根据用途配色，比如有派对、华丽、魔幻、正式，根据不同主题配色等。这张表中出现的每一个关键词配上5个色彩，说明这5种颜色任意搭配或是按顺序搭配都可同时出现在一个作品中。

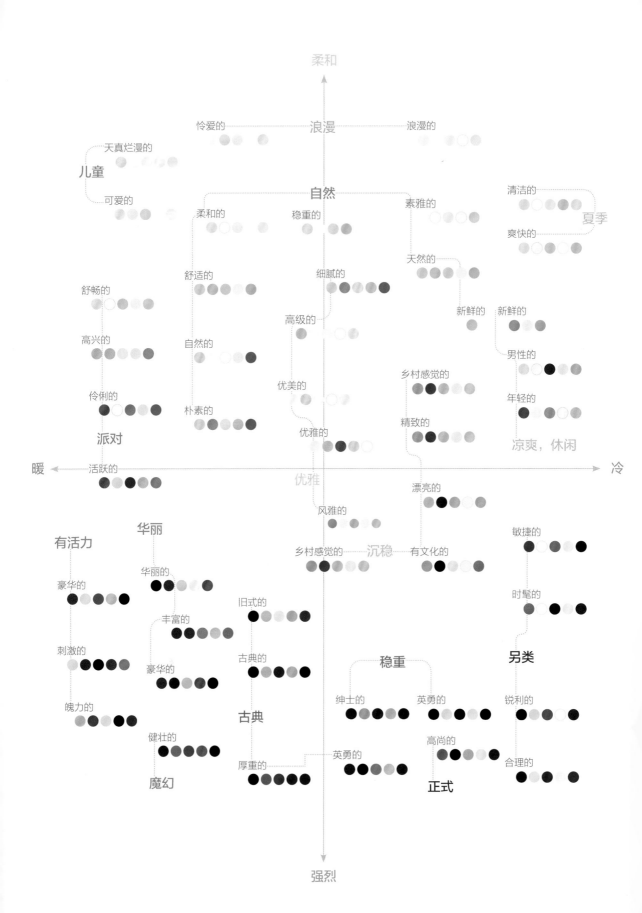

把目标转化为视觉的能力

1. 时尚大牌的设计

大量的留白多选用简洁大方的装饰元素。均衡构图，用多与少、纵向与横向、量的多与少、质感轻与重、粗与细多种对比手法表现作品。

2. 1～18岁儿童蛋糕设计

把图形排列成倒三角形、多个点排成队或多个点堆叠构图，具有活泼稳定的感觉。

三角构图

排队构图

3. 自然感觉的设计

生活中的纺织、刺绣、雕刻、剪纸、插花等元素装饰在蛋糕上，能体现出田园自然、民族特色的感觉。适合C形、对称、造型式构图。

C形构图

造型式构图

4. 18～25岁童话般的感觉的设计

场景式构图

造型式构图

针对时尚女孩，使用童话般的字体或绘本字体，三角旗形状的图案不可少，可令人联想到味道与香氛的配色。适合造型式（场景式）、排队式构图。

5. 以电影为主题的场景式设计

电影为主题的场景式设计更能体现出故事性，以造型式构图为主。

功夫熊猫

哪吒

6. 以季节为主题的设计

吸引对美食有高度感知的女性，可使用当季流行的材料、配色、图形元素等。

7. 成熟女性的高级感设计

通过细部的加工营造出高级感，比如用精细的蕾丝、印花、刺绣等图案营造高级感。

8. 华丽的设计

用吸引目光的手绘图案、复古的颜色搭配，营造华丽的印象。

9. 典雅蛋糕设计

黑色调小香风的设计风格吸引时尚的女性。

10. 职业女性蛋糕设计

甜美中带点酷酷的设计适合职业女性，利用特征比较明显的玫瑰花图案作为主要设计元素。

11. 奢华精致的婚礼蛋糕设计

奢华的婚礼蛋糕设计一定要有很强的视觉冲击力，蛋糕要高大且在细节处有很细的处理手法，才能让人看了又看。一对婚礼人偶、大量的玫瑰花是必不可少的元素。

12. 万圣节主题蛋糕设计

此类主题蛋糕的设计一定要把节日的元素更多地展示出来，黑与橙配色，南瓜、黑色的夜空、黑猫、白色小精灵等是不可少的元素。

13. 创新型生日蛋糕设计

生日是一份祝福，装饰用色鲜亮明快，使用礼盒的外形结构，能突出仪式感。

14. 多层婚礼蛋糕设计

婚礼代表一个新的开始，可以使用象征婚礼的元素来突出婚礼的神圣，比如在蛋糕中使用婚纱、头纱、鲜花、爱心等造型。

15. 圣诞节主题蛋糕设计

针对不同节日，可用红色、白色、绿色等节日特有颜色烘托氛围。

CHAPTER 08

第八章

✳

组装作品
欣赏

1 草莓之恋

操作难度：★★

底坯涂抹要立体，顶部以巧克力和奶油间隔摆放，草莓带蒂切半放在奶油上装饰；底边用巧克力圆环围一圈，有法式甜点的质感。

2 裸蛋糕1

操作难度：★★

戚风坯底或海绵蛋糕底加红色素，顶部水果以小水果和三色堇做装饰，小而乖巧，也比较可爱。外部围一圈慕斯围边，有固定的作用。

3 裸蛋糕2

操作难度：★★

戚风坯底或海绵蛋糕底加黄色素，顶部中心处涂抹少许奶油用以固定表层水果装饰，芒果片弯曲成花朵形，颜色呼应底坯。

4 水果乐园

操作难度：★

水果切成片状，依次堆在表面，注意水分比较高的水果要先用厨房用纸擦拭下表面水分，一般情况下直接放在奶油表面的水果，不宜使用水分含量较大的水果。

5 苹果扇

操作难度：★

将青、红苹果切成片状，依次摆放在围边内，比较像孔雀尾巴。

6 守护

操作难度：★★★

表层以粉红、黄色果膏和白色丝状奶油装饰为主，立体巧克力花先做片状花瓣，再拼接而成。

7 祝你生日快乐

操作难度：★★

蛋糕侧面以小号锯齿花嘴做围边，再辅助巧克力片做装饰。表层用果胶做镜面处理，再放雕刻好的水果。

8 滑滑梯

操作难度：★★

表层做绿色镜面处理，柠檬皮穿入柠檬片中心处，形似蘑菇，巧克力装饰件摆成滑滑梯样式，童真十足。

9 粉色童年

操作难度：★★

粉色坯底比较梦幻，带有花色的巧克力围边偏活泼，顶部用奶油做一个经典十字结，简约就是美。

10 音符

操作难度：★★

表面左侧使用猕猴桃和提子雕刻装饰，右侧用黑白巧克力划线做音阶和音符装饰。

11 开心乐园

操作难度：★★

中心部位用黑白果胶做格子装饰，四角用猕猴桃做按钮式围栏装饰。

12 平分秋色

操作难度：★★

使用一个直坯蛋糕，在侧面用刮板做出痕迹。表面做四分扇形装饰，两两对照，可使用自己喜欢的水果。

13 可爱

操作难度：★

马卡龙和饼干一直都是蛋糕装饰常用产品，顶部做了一个粉红色镜面，巧克力片用色也较为呼应。

14 芒果与樱桃

操作难度：★

较为常见的装饰方法，中心处放带有延伸性的水果，外层围一圈扁平式水果。蛋糕侧面可围一圈慕斯围边。

15 高昂

操作难度：★

蛋糕抹成直坯后，表面和侧面用波点装饰。表面用苹果做半块扇面，三个方形巧克力方框依次摆放。

16 小菜园

操作难度：★

用白巧克力在玻璃纸上做成圆环形装饰件，作为蛋糕的围边和分割线，顶层分割是较为常见的方式，可以使用其他水果。

17 圣诞老人

操作难度：★

顶面中心处用圣诞老人人偶做装饰，泡芙表面有糖粉似雪；蛋糕侧边用手指饼干做围边，形象接近树根，突出圣诞节元素。

18 趣味豆

操作难度：★

顶面中心处用巧克力片做了间隔，中心放入草莓果酱，三面放了三种样式的水果。中心处用梨雕刻出脸型，用果膏和奶油画出五官，比较可爱。

19 雪中果

操作难度：★

底坯为心形坯底，外层稍稍抹一层奶油，将刨好的巧克力碎屑均匀地撒在表面，巧克力装饰件做上下和平面拉伸，同时补充色彩。

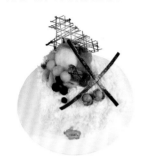

20 芒果花

操作难度：★★

使用刮片将底坯涂抹成弧形，选用大芒果切片，贴在蛋糕表面进行装饰，表层可刷一层果胶，提高整体亮度。中心处放黑色转印巧克力片，比较百搭。

21 巢

操作难度：★★

用巧克力做一个蜂巢围边，表面用防潮抹茶做筛粉装饰，中心用两个圆形黄桃做卡通人物脸，用奶油和果膏做人物五官和头发。

22 爱的城堡

操作难度：★★★★

属于婚礼蛋糕和双层蛋糕，侧面有巧克力片贴面装饰，顶部城堡装饰中心支撑可以用蛋糕坯，坯底形状需接近外形。

23 花的裙摆

操作难度：★★

本款蛋糕的亮点是上下层蛋糕的侧面装饰设计，采用对称式的波浪围边，中间以蓝线奶油霜做划分。

24 爱的华尔兹

操作难度：★★

三层蛋糕，顶部人偶可以用市售道具，也可以用翻糖制作。装饰花采用巧克力花更为立体。

25 爱的旋律

操作难度：★★

三层方形蛋糕装饰，侧面用线性围边，在两两交接处有遮掩瑕疵的效果。

26 20岁啦

操作难度：★★★★

年轻人的生日蛋糕颜色应该是多彩的，三层色彩各不相同，有音符、吉他、花朵、卡通等组合元素，顶部有立体巧克力框架装饰。

27 音乐的色彩

操作难度：★★★★

吉他的两端需要有支撑，前端要轻，表面用毛刷轻刷使奶油变得光滑，水果可凭喜好摆放。

28 航海梦

操作难度：★★★★★

蛋糕表面用蓝色镜面处理，有大海的意境，船的构架支撑坯底需要尽可能地与外形相搭，表面用毛刷刷平。

31 思念

操作难度：★

用打发鲜奶油做成油画风涂抹，顶面装饰简单，整体风格素雅，几串相思豆也十分契合场景，且用色明亮。

34 寿桃1

操作难度：★★

三个寿桃先在别处挤出后，在上面进行喷色，外圈摆放的黄桃表面可以刷一层果胶提亮。侧面用锯齿刮板做一下处理。

29 儿童节

操作难度：★★★

儿童蛋糕造型圆润，所以三层都用弧形设计，底色各异且靓丽。

32 温暖的爱

操作难度：★

底坯是圆形蛋糕，在表面装饰时做成了心形，宜选择较硬的草莓品种，否则水分流失会造成蛋糕不整洁，侧面用白巧克力碎屑或椰蓉装饰都可以。

35 寿桃2

操作难度：★★★

双层蛋糕的侧面用锯齿形刮板做处理，痕迹不深，顶部中心处用芒果片做花朵样式，除了底部的草莓外，其他都降低高度，避免太高影响视觉效果，表面涂果胶以免氧化变色。

30 圣诞节

操作难度：★★★

蛋糕整体底色为白色，对应冬季的雪，顶层的屋子也可以用姜饼屋来做。

33 克制的爱

操作难度：★

底坯是圆形蛋糕，侧面与中心处用到了刨出的黑色巧克力碎，草莓没有去蒂直接摆放在上面。

36 我的糖果

操作难度：★★

顶部使用艾素糖制作的糖果，沾彩条、糖珠等，表面撒彩珠进行对应，色彩较梦幻。侧面用白巧克力淋酱。

37 卡通人物1

操作难度：★★★

底坯做表面涂抹，包括两只耳朵，淋一层蓝色镜面，再用果膏和奶油画出五官。胡子和头发用杏仁膏、巧克力泥或翻糖制作。

40 倾诉

操作难度：★★

侧面中上部用粉紫色做晕染，再用锯齿刮板进行纹路处理。顶部中心处用直花嘴层层挤出，最后摆放上翻糖装饰件。

43 草莓乐园

操作难度：★

白色巧克力围边的高度要与草莓高度匹配，巧克力纽扣做成双色更好，草莓中撒一些蓝莓也有增色的效果。

38 小鹿

操作难度：★★★

削割底坯时，要尽可能地与外形相似，本款蛋糕外层全覆盖，所以第一层涂抹较简单，然后用锯齿花嘴点状式装饰。

41 花瓣

操作难度：★

侧面做两层色，上层粉红色、下层白色。表面用花瓣装饰，为了花瓣牢固，可以用糖浆、果胶等做黏结剂。

44 攀登

操作难度：★

底坯做成半圆形，白色奶油涂抹后，用大号圆形裱花嘴挤出围边，注意间隔和力度。顶部摆放草莓、树莓和两片绿叶做装饰。巧克力片用暗色和亮色相互搭配。

39 蝴蝶

操作难度：★★

将奶油调成各种颜色，先挤在蛋糕侧面，再用小抹刀依次抹开，做出油画特色。顶部用类似色做出翻糖装饰件。

42 芒果碗

操作难度：★

巧克力装饰件是亮点，黑、白巧克力与牛奶巧克力相互配合做成围边，有木质纹理的感觉。顶部放入芒果块。撒一些银箔有助于提升质感。

45 卡通人物2

操作难度：★★

底坯涂抹完成后，用牙签在表面先画出卡通人物的线条，再用各种材料进行针对性填充。

46 卡通人物3

操作难度：★★★★

立体式人物制作的底坯都需要尽可能与外形相符，减少后期处理的工作量。面部需要用刮板和毛刷仔细处理。

47 寿桃3

操作难度：★★★★

寿桃与底层蛋糕分开处理，再进行合体。寿桃在涂抹后，先用喷枪喷色，再在外层淋一层白色镜面。

48 果盘

操作难度：★★

顶部边缘处做波浪围边，中心处摆放芒果、猕猴桃、黄桃、火龙果、草莓和蓝莓，样式不能雷同，表面刷果胶，提升亮色。

49 草莓物语1

操作难度：★

侧面用锯齿刮板做了纹路处理，中心摆放整颗草莓，淋上果胶提亮。

50 草莓物语2

操作难度：★

侧面涂抹后，用勺子做一些痕迹处理，嵌入切割好的草莓。表面草莓撒一些糖粉增加气氛。

51 轻轻

操作难度：★

使用戚风蛋糕坯，颜色较淡，顶面奶油用抹刀带出，呈花盘状。切割后的水果如果水分较大，需用厨房用纸先吸收水分。

52 心心念你

操作难度：★

底坯为心形坯，涂抹后表面撒一层椰蓉，也可以用巧克力碎屑。中心水果摆放呈心形。

王森美食文创

一家专注设计美食周边的文创品牌

致力于提升食品及周边美学

开创新式美食商业模式

拓展美食精细化研发方向

一个独特的美食王国来自于你心动的开始

王森·
美食文创

CULTURAL AND CREATIVE CUISINE

王森美食文化一直专注于中西烘焙甜点、中西餐轻食、咖啡茶饮的产品研发，品牌策划、空间设计、商业模式规划，以美食文创、美食商业、美食研发为三大核心，专业团队成员均具有多年行业经验。

◆ **美食研发设计**：中西点烘焙系列、中西餐系列、咖啡茶饮系列、农副产品系列

◆ **美食文旅**：美食市集、美食乐园、美食农庄民宿、观光工厂

◆ **美食商业**：品牌策划、品牌VI设计、空间设计、创新的商业模式

咨询：张女士 **159 6214 5775**（微信同号）

美食教育的沃土 西点工匠的摇篮

王森
教育
集团
WANG SEN
BAKERY CAFE
WESTERN FOOD

报考代码：0881

我是刘涛，
我为王森代言！

形象代言人：刘涛

日本 / 韩国 / 法国 / 美国

苏州 / 上海 / 北京 / 哈尔滨 / 佛山 / 潍坊 / 南昌 / 昆明 / 保定 / 鹰潭 / 西安 / 成都 / 武汉 /

王森咖啡西点西餐学校
WANGSEN BAKERY CAFE WESTERN FOOD SCHOOL

一 所 培 养 了 世 界 冠 军 的 院 校

本书配套视频（手机扫码观看视频）

1．仿真猪

2．仿真羊

3．仿真兔

4．仿真蛇

5．仿真牛

6．仿真马

7．卡通鼠

8．仿真猴

9．仿真狗

10．仿真公鸡

11．抹面：压面

12．抹面：提面

13．抹面：掏空

14．抹面：间隔压面

15．抹面：烫勺面